TÓPICOS TECNOLÓGICOS, CIENTÍFICOS Y AMBIENTALES

TÓPICOS TECNOLÓGICOS, CIENTÍFICOS Y AMBIENTALES

VOLUMEN II

Red de Colaboración del Instituto Tecnológico Superior de la Sierra Norte de Puebla y el Instituto Tecnológico Superior de Huauchinango

RAFAEL GARRIDO ROSADO
SERGIO HERNÁNDEZ CORONA
JOSÉ ANTONIO APARICIO HERNÁNDEZ

Para realizar pedidos de este libro, contacte con:
Palibrio
1663 Liberty Drive
Suite 200
Bloomington, IN 47403
Gratis desde EE. UU. al 877.407.5847
Gratis desde México al 01.800.288.2243
Gratis desde España al 900.866.949
Desde otro país al +1.812.671.9757
Fax: 01.812.355.1576
ventas@palibrio.com
787415

PRÓLOGO

Inherente a la labor Docente se encuentra la generación y divulgación del conocimiento, en ese sentido integrantes de la Comunidad Académica del Instituto Tecnológico Superior de la Sierra Norte de Puebla, mediante una iniciativa conjunta y por demás colaborativa entre pares, impulsan acciones de productividad académica, a través de esta nueva publicación, respaldada por la participación e involucramiento de los Autores en actividades de docencia, investigación, vinculación y gestión académica, siendo sin duda inspiración y motor de impulso para toda la Comunidad Estudiantil que bajo su guía se forma a diario en las aulas.

En este compendio/libro encontrarán las aportaciones documentadas de diversos Proyectos de Investigación liderados por Académicos del Instituto Tecnológico Superior de la Sierra Norte de Puebla e Instituciones hermanas unidas/invitadas a este proyecto editorial, dichas aportaciones han sido gestadas a lo largo de horas de trabajo dedicadas al estudio de temática que giran en torno actualidades en diferentes áreas de estudio.

El presente libro está integrado por tres Capítulos, en el Capítulo I se abordan Tópicos Tecnológicos, en el Capítulo II se abordan Tópicos Científicos y en el Capítulo 3 Tópicos Ambientales.

En cada uno de ellos se abordan temáticas que giran en torno a necesidades y problemáticas de la región, del estado y/o del país, y que pretenden ser un referente y/o una alternativa de enfoque, solución, mejora o innovación.

Las y los Académicos autores de cada uno de los artículos comparten sus postulados sobre los tópicos en mención, con la intención de aportar a los campos disciplinares de las diferentes áreas de la Ingeniería.

MTRA. PATRICIA RIVERA CASTRO
DIRECTORA ACADÉMICA

ÍNDICE

Directorio De Autoridades

Ing. Alberto Amador González
Director General
Instituto Tecnológico Superior de la Sierra Norte de Puebla

Mtro. José Ignacio Solano Rodríguez
Director General
Instituto Tecnológico Superior de Huauchinango

MDE. Patricia Rivera Castro
Directora Académica
Instituto Tecnológico Superior de la Sierra Norte de Puebla

Mtra. Patricia Zamora Moreno
Directora de Vinculación y Extensión
Instituto Tecnológico Superior de la Sierra Norte de Puebla

Ing. Armando Torres Cruz
Director Académico
Instituto Tecnológico Superior de Huauchinango

Ing. Oscar Herrera Sampayo
Subdirector de Investigación
Instituto Tecnológico Superior de la Sierra Norte de Puebla

Comité Editorial

Ing. Alberto Amador González
Director General
Presidente del Comité Editorial

M.D.E. Patricia Rivera Castro
Directora Académica
Secretaria Académica del Comité Editorial.

Ing. Oscar Herrera Sampayo
Subdirector de Investigación
Secretario Técnico del Comité Editorial.

M.A. Patricia Zamora Moreno
Directora de Planeación y Vinculación
Secretaria de Relaciones Internas y Externas del Comité Editorial.

M.P. María Félix Bonilla Sánchez
Subdirectora de Vinculación
Jefa de Información del Comité Editorial.

LAP. Hugo Moreno Calderón
Subdirector de Servicios Administrativos Comité Editorial.

M.S.C. Artemio Gutiérrez Escobedo
Subdirector Académico
Jefe de Edición y Producción del Comité Editorial.

Psic. Lorena Castilla González
Jefa del Departamento de Desarrollo Académico
Secretario Técnico del Comité Editorial.

L.I. Juan Manuel Ramírez Castelán
Jefe del Departamento de Centro de Cómputo
Jefe de Edición Digital del Comité Editorial.

L.A.E. Gloria Juárez Cuaxilo
Jefa del Departamento de Centro de Información, Servicio Social y Residencia Profesional; y Jefa de Resguardo y Distribución de Publicaciones del Comité Editorial.

Creditos

Instituto Tecnológico Superior de la Sierra Norte de Puebla (ITSSNP) y al Instituto Tecnológico Superior de Huauchinango (ITSH)

CREDITOS A LOS AUTORES PRINCIPALES DE LA OBRA

MIA. Rafael Garrido Rosado
MC. Sergio Hernández Corona
MIA. José Antonio Aparicio Hernández

CREDITOS A LOS AUTORES DE CADA CAPÍTULO

AUTORES	INSTITUCIÓN
Valentina Ramos Perfecto	Instituto Tecnológico Superior de la Sierra Norte de Puebla
Marisol Hidalgo Cortés	Instituto Tecnológico Superior de la Sierra Norte de Puebla
Adrián Torres González	Instituto Tecnológico Superior de la Sierra Norte de Puebla
Arantxa Gerónimo Jiménez	Instituto Tecnológico Superior de la Sierra Norte de Puebla
Yariela Arizai González Hernández	Instituto Tecnológico Superior de la Sierra Norte de Puebla
Yuriria Hernández León	Instituto Tecnológico Superior de la Sierra Norte de Puebla
Oroncio Arcadio Hernández Morales	Instituto Tecnológico Superior de la Sierra Norte de Puebla
Francisco Hernández Jiménez	Instituto Tecnológico Superior de la Sierra Norte de Puebla
Everardo Miguel Díaz	Instituto Tecnológico Superior de la Sierra Norte de Puebla
Erik Hernández Cruz	Instituto Tecnológico Superior de la Sierra Norte de Puebla
Omar Jair Leyva Hernández	Instituto Tecnológico Superior de la Sierra Norte de Puebla

Vianey Ríos Quintero	Instituto Tecnológico Superior de la Sierra Norte de Puebla
Emanuel Mora Castañeda	Instituto Tecnológico Superior de la Sierra Norte de Puebla
Guillermo Melardo Luna González	Instituto Tecnológico Superior de la Sierra Norte de Puebla
Felipe Neri Hernández Soto	Instituto Tecnológico Superior de la Sierra Norte de Puebla
Ricardo Sánchez Méndez	Instituto Tecnológico Superior de la Sierra Norte de Puebla
Ana María Luna González	Instituto Tecnológico Superior de la Sierra Norte de Puebla
Roberto Martínez Barenas	Instituto Tecnológico Superior de la Sierra Norte de Puebla
Silvia Rojas Garzón	Instituto Tecnológico Superior de la Sierra Norte de Puebla
Juana Cruz González	Instituto Tecnológico Superior de la Sierra Norte de Puebla
Hugo Flores Pérez	Instituto Tecnológico Superior de la Sierra Norte de Puebla
Abraham Morales Tamanis	Instituto Tecnológico Superior de la Sierra Norte de Puebla
Rocío Ortiz Ramos	Instituto Tecnológico Superior de la Sierra Norte de Puebla
Layli Sara Álvarez Heintz	Instituto Tecnológico Superior de la Sierra Norte de Puebla
Adán Jonay Delgado Bermúdez	Instituto Tecnológico Superior de la Sierra Norte de Puebla
Edgar Jesús Cruz Solís	Instituto Tecnológico Superior de Huauchinango
Víctor Villa Barrera	Instituto Tecnológico Superior de Huauchinango
Lizzett Rivera Islas	Instituto Tecnológico Superior de Huauchinango
Arturo Santos Osorio	Instituto Tecnológico Superior de Huauchinango
Rosalía Bones Martínez	Instituto Tecnológico Superior de Huauchinango
Yasmin Soto Leyva	Instituto Tecnológico Superior de Huauchinango
Iván Reyes León	Instituto Tecnológico Superior de Huauchinango
Eugenio Santiago Hernández	Instituto Tecnológico Superior de Huauchinango
Julio Cesar Martínez Hernández	Instituto Tecnológico Superior de Huauchinango
Arnulfo Cruz Garrido	Instituto Tecnológico Superior de Huauchinango
Elisa Gonzaga Licona	Instituto Tecnológico Superior de Huauchinango
Gregorio Castillo Quiroz	Instituto Tecnológico Superior de Huauchinango
Aldo Hernández Luna	Instituto Tecnológico Superior de Huauchinango

Eugenio Luna Mejía	Instituto Tecnológico Superior de Huauchinango
Manuel Cruz Luna	Instituto Tecnológico Superior de Huauchinango
Cupertino Luna Trejo	Instituto Tecnológico Superior de Huauchinango
Dorian Rojas Balbuena	Instituto Tecnológico Superior de Huauchinango

Aplicación de la Metodología APQP en la Industrialización de un Cilindro Maestro (caso de estudio)

Cruz Solís Edgar Jesús, Villa Barrera Víctor, Rivera Islas Lizzett,

Instituto Tecnológico Superior de Huauchinango. Av. Tecnológico No. 80, Col. 5 de octubre, Huauchinango, Puebla, 73160 *edgar.j.cruz@hotmail.com, iivilla@hotmail. com, lizzarivera1976@outlook.es*

Resumen.

En la presente investigación se describe la aplicación de la Metodología (APQP) en la manufactura del cilindro maestro para el mecanismo de frenado en la industria automotriz. Se muestra la realización de la validación de nuevos insumos, procesos, salidas de la planta, es decir, todos aquellos materiales nuevos utilizados procesos o maquinarias de la planta o piezas nuevas solicitadas por los clientes, las cuales deben ser antes analizadas, evaluadas y acreditas por la empresa de forma interna y finalmente por el cliente, siendo el sistema utilizado la metodología de Planeación Avanzada de la Calidad del Producto o (APQP) en sus siglas en inglés, que en su propio proceso incluye la documentación PPAP o Proceso de Aprobación de Piezas de Producción.

La metodología (APQP), tiene un impacto favorable en la disminución de los costos de producción y en la eliminación de las PPM'S (Piezas Malas por Millón) en piezas prototipo o PPAP's. Beneficiando el aumento de nuevos proyectos y la producción.

Rafael Garrido Rosado
Sergio Hernández Corona
José Antonio Aparicio Hernández

Palabras clave

Planeación Avanzada de la Calidad del Producto, Proceso de Aprobación de Partes de Producción, Piezas Malas por Millón.

Abstract.

In the present investigation the application of the Methodology (APQP) in the manufacture of the master cylinder for the braking mechanism in the automotive industry is described. It shows the realization of the validation of new inputs, processes, outputs of the plant, that is, all new materials used processes or machinery of the plant or new parts requested by customers, which must be previously analyzed, evaluated and accredited by the company internally and finally by the client, the system being used the Advanced Planning of Product Quality or (APQP) in its acronym in English, which in its own process includes the PPAP documentation or approval process of Production Pieces

The methodology (APQP), has a favorable impact in the reduction of production costs and in the elimination of PPM'S (Bad Parts by Million) in prototype pieces or PPAP's. Benefitting the increase of new projects and production.

Keywords

Advanced Planning of Product Quality, Process of Approval of Production Parts, Bad Parts by Million.

Introducción.

La globalización económica y comercial es una realidad de nuestro tiempo en muchos de los sectores de la economía. Esto provoca que los mercados de clientes sean cada día más disputados.

Para que una empresa pueda ser competitiva necesita: planeación, supervisión, capacitación entre algunas cosas. Porque a medida que una empresa sea más competitiva y global, enfrenta mayores niveles de competencia (Veliayth, 2000).

Sin embargo, esta búsqueda de lo nuevo algunas veces causa que se olviden o incluso no se lleguen a conocer metodologías o principios fundamentales para un buen funcionamiento de una empresa. Olvidar o ignorar las bases, por acción u omisión, equivale a encontrar atajos para tratar de acortar el camino.

En México las empresas tienen grandes complicaciones a causa de nuevos proyectos y diseños que dan como resultado clientes insatisfechos y en el peor de los casos la pérdida de estos debido a no contar con una correcta planeación y ejecución de las actividades.

Para Gelmitti, (2006) afirma que algunas de las debilidades y problemas que son preocupantes para el crecimiento de las empresas es la falta de planificación a mediano y largo plazo, que provoca una gestión de carácter reactivo, al no priorizar la calidad de sus productos o servicios, ocasionando pérdida de clientes, esto a razón de que hacen automáticamente las operaciones de vender o producir solo por costumbre y no por convicción.

La planeación de la calidad de un producto es un método estructurado para definir y establecer los pasos necesarios para asegurar que un producto satisface al cliente. El objetivo de una planeación de calidad de un producto es facilitar la comunicación con todos los involucrados para asegurar que todos los pasos requeridos se completen a tiempo.

Book, (2008) comenta que la planeación efectiva de calidad de un producto depende del compromiso de la alta administración de la compañía en el esfuerzo requerido para lograr satisfacción de los clientes. Algunos de los beneficios de la planeación de calidad de un producto son:

- Dirigir recursos a satisfacer los clientes.
- Promover la identificación anticipada de cambios requeridos.
- Evitar cambios tardíos.
- Ofrecer productos de calidad a tiempo y al más bajo costo.

En el presente caso de estudio se definen los pasos utilizados para la aplicación de la metodología de Planeación Avanzada de la Calidad del Producto (APQP) cuyo objetivo es conocer un método estructurado para definir y establecer los paso a seguir para la comunicación formal dentro de la organización y asegurar que se cumple con un proceso común para el desarrollo de un plan de control y la planeación de la calidad del producto, para satisfacer y/o exceder los requisitos del cliente, (Consultoría, 2012), para la validación de nuevos proyectos en las empresas automotrices, se adopta esta metodología, para ser aplicado en el proceso de cada producto, generando la documentación nueva en la empresa.

Este proceso ha ido evolucionando con el paso del tiempo y ahora todos los departamentos de la empresa están relacionados e inmersos en el proceso de validación, desde logística, que tiene que pactar las entregas de materias primas para las piezas con los proveedores o la entrega de las piezas muestra a los clientes, incluso la gerencia, que tiene que llegar a un acuerdo con el cliente en algunas estipulaciones del contrato.

Para la realización del proyecto se tomó como caso de estudio la aplicación y validación de la metodología (APQP) de uno de los nuevos proyectos de la empresa denominado Maytre Cylindre, este es un cilindro para su línea de automóviles, desde el diseño del molde, sus grabados, corte de mazarota, tratamiento térmico hasta los dimensionales, así mismo se deberá realizar la evaluación ante el cliente de acuerdo con los Procesos de Aprobación de Piezas de Producción (PPAP) correspondientes.

La aplicación metodología (APQP) es una herramienta poderosa para prever problemas y resolverlos antes de que el producto llegue al cliente. Pero su aplicación no está exenta de problemas y dificultades. Si el proceso no es bien conducido, puede ser algo frustrante y en sí mismo un problema (Bell, 2001).

En un mundo global, donde cada día hay más competidores por los mismos mercados, es imprescindible diseñar y producir productos para clientes específicos con necesidades y requerimientos concretos. Enfocar los esfuerzos de la organización hacia el cliente, en todas las actividades juega un rol vital hoy en día. En particular desde la fase del diseño y desarrollo del producto. Labor en la cual la planeación de la calidad del producto proporciona una metodología consistente que ha probado su efectividad por más de una década (Gutiérrez, 2007).

Metodología.

Esta investigación es no experimental de tipo exploratoria descriptiva, obteniendo información de primera mano y de datos históricos del proceso y de las líneas de producción mediante reuniones de trabajo con los responsables de áreas y una adecuada retroalimentación.

El primer paso de una organización en la Planeación de Calidad de un Producto es asignar a un dueño del proceso para el proyecto de APQP. Además, debiera establecerse un equipo multifuncional para asegurar una efectiva planeación de calidad de un producto.

El equipo debiera incluir representantes de múltiples funciones tales como, ingeniería, manufactura, control de materiales, compras, calidad, recursos humanos, ventas, servicio de campo, proveedores y clientes, conforme sea apropiado (Book, 2008).

Una vez obteniendo la información inicial hasta la generación de reportes, se lleva a cabo un análisis sobre la situación del sistema de producción que cuenta la empresa, de donde se obtuvo una serie de resultados y mediante el siguiente flujo operativo se efectuó el desarrollo del proyecto:

1. *RFQ: Solicitud de presupuesto.* Es cuando el cliente hace la solicitud de un nuevo producto y se le asigna a la empresa una reseña de lo que se necesita.

En este paso intervienen el gerente de proyectos y el gerente general de la planta, así como el representante del cliente.

2. *Estudio de Factibilidad.* La empresa recibe el 2D del producto a realizar y la empresa misma genera sus planos propios siendo metrología el encargado de esta tarea, recibiéndose después el plano 3D y pudiendo realizar las primeras mediciones.

En esta fase se le da a conocer al cliente, cuáles serán los costos de fabricación de los moldes y las corridas de las piezas, para la validación, sin incluir ningún costo de producción en serie.

3. *Estudio de Molde.* Este paso es realizado en la casa matriz donde se dictamina la fiabilidad del molde otorgando una validación.

4. *Validación.* Se valida en procesos teóricos la corrida del proyecto el gerente de operaciones y el ingeniero de proyectos trabajan en conjunto.

Se realiza una proyección de la producción en caso de que el proyecto sea validado y aceptado en su totalidad, posteriormente se realiza nuevamente una descripción industrial de la pieza a validar.

5. *Simulación.* Este paso es realizado en la casa matriz donde se efectúa una simulación del moldeo indicando todas las condiciones de variabilidad en el momento de hacer el vaciado del material, señalando los puntos críticos de enfriamientos del molde.

6. Estudio medios de producción. Es realizado en paralelo con los 3 anteriores, ya que conforme se van obteniendo los resultados es necesario tener cuales son los medios necesarios para fabricar el producto, en base a la realización de pruebas y obteniendo las modificaciones necesarias o propuestas, se van modificando las herramientas o procesos de fabricación. El gerente de operaciones y el ingeniero de proyectos son los que trabajan en conjunto con el ingeniero de calidad para lograr este pasó.

7. Validación. En esta fase se esquematiza los recursos con los que la planta cuenta para la realización del proyecto y las acciones tomadas, siguiendo una simple línea laboral: Entradas-procesos-salidas, se incluyen algunos documentos y tiempos de tolerancia. El ingeniero de proyectos es quien valida los procesos necesarios.

8. Fabricación de equipo. Se realiza la solicitud al departamento de compras en el cual, se especifica que es lo que se comprará, el precio, en que moneda, el nombre del proyecto, quien será el proveedor, el tiempo de entrega y las autorizaciones correspondientes.

9. Recepción de moldes. Se recibe el herramental en la planta y los ingenieros de proyectos, metrología y herramental son quienes realizan una lista de comprobación del molde y validan su aceptación.

10. Validación dimensional. Metrología realiza pruebas basadas en los planos 2D y 3D que se tienen en archivo, validando el herramental y enviando los resultados al ingeniero de proyectos.

11. Colado de piezas muestra. Se realiza un colado de piezas muestras en lotes pequeños con el herramental, tanto el ingeniero de proyectos, como calidad y metrología están al pendiente durante todo el proceso para identificar fallas o desperfectos.

En esta fase se puede destacar el diseño y manufactura de un Gage de corte, anteriormente el corte de mazarota en la pieza se realizaba a mano, esta operación la realiza solo los operadores con cierta destreza en la operación.

12. Validación Interna. Se realizan pruebas de Calidad y Metrología a las piezas obtenidas para comprobar sus especificaciones y se envían los resultados a proyectos.

13. Colado de piezas PPAP. Se realizan colados de piezas que serán incluidos dentro del proceso de PPAP, que entrarán con la participación directa con el cliente.

14. Documentación PPAP. Se realizan toda la documentación PPAP necesaria para la validación frente al cliente que incluye desde los diseños de AMEF, hasta el registro de IMDS, a partir de este punto solo el ingeniero de proyectos se hace cargo.

15. Resultado de Maquinado. Se le entrega al cliente un lote de piezas para que realice sus propias pruebas sobre el producto.

16. Run@Rate Interno. Extrapolación de los resultados futuros dentro de la empresa.

17. Run@Rate Cliente. Extrapolación de los resultados futuros del cliente.

18. SOP. Procedimiento de Operación Estándar. El maquinado de la pieza es incluido en los procesos de fabricación de la planta, se incluye en las planeaciones de producción y demás.

19. Retroalimentación, evaluación y acción correctiva. Aquí se evalúan todos los resultados, de igual manera se realizan acciones de contingencia respecto a causas comunes y especiales de variación, con la idea de reducir la variación. En esta etapa se conoce la efectividad de la aplicación de la planeación de la calidad del producto.

El éxito de cualquier programa depende del cumplimiento de las necesidades y expectativas de los clientes de una manera oportuna y a un costo que represente valor. La Gráfica de un esquema de Tiempo para una Planeación de Calidad de un Producto que se muestra en la Figura 1, así como el ciclo de una Planeación de Calidad de un

Producto descrito previamente requiere que el equipo de planeación concentre sus esfuerzos en la prevención de defectos (Book, 2008).

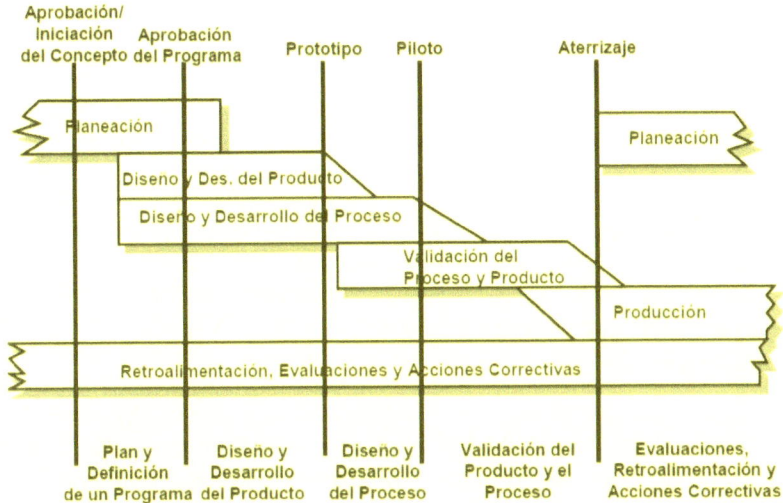

Figura 1 Proceso APQP

Resultados.

En las empresa un procedimiento normal es la validación de nuevos insumos, procesos, salidas de planta, en los que todos aquellos materiales nuevos son utilizados, tanto procesos, maquinarias o piezas nuevas solicitadas por los clientes, deben ser antes analizadas, evaluadas y acreditadas por la empresa internamente, finalmente por el cliente, siendo un sistema utilizado por la metodología de Planeación Avanzada de la Calidad del Producto o APQP, por sus siglas en inglés, que en su propio proceso incluye la documentación PPAP o Proceso de Aprobación de Piezas de Producción. Para efectos de este proyecto es la validación de un nuevo cilindro maestro para un cliente potencial, siguiendo todos los procesos complementarios de la metodología, desde la recepción del diseño del cliente hasta la liberación de la pieza con validación interna y externa para su integración a la producción en serie en la planta. La prevención de defectos es dirigida por ingeniería simultánea ejecutada por áreas de ingeniería del producto y manufactura trabajando en forma concurrente. Los equipos de planeación deben prepararse para modificar planes de calidad de productos que cumplan con las expectativas de los clientes. El equipo de planeación de calidad de un producto de la organización es responsable de asegurar que el esquema de tiempo cumpla o exceda con el plan de tiempo del cliente (Book, 2008).

Se validan los procesos necesarios siguiendo un formato llamado Carta de Identidad, donde se detalla y reafirma que proceso seguirá el proyecto de planta.

Como una de los resultados obtenidos es la aportación de un Gage de corte para la mazarota en la pieza, proceso que se realizaba de forma manual, realizada por operarios con cierta destreza en la operación por las condiciones de riesgo que genera esta operación, considerando para tal solución un poka yoke exclusivo para la operación, generando diminución de tiempos en el corte de la mazarota y garantizando las dimensiones apropiadas de la pieza para el siguiente proceso.

Se registra un rechazo sin el Gage del 5% y con el Gage esto disminuye a un 1% de rechazo, impactando en el tiempo de corte de 5 segundos sin el Gage a 2 segundos con el Gage, en 7 horas por turno, las piezas cortadas indican un aumento considerable de 5040 a 12600 piezas cortadas por turno sin Gage y con Gage respectivamente, llevando a una disminución de rechazo de 252 a 126 piezas por turno, sin Gage y con Gage respectivamente.

En resumen se puede decir que: sin el Gage de corte generalmente se tenía un rechazo del 5% y, un tiempo de corte de al menos de 5 segundos, es decir que de un turno en promedio de 7 horas efectivas se cortaban 5040 piezas diarias, con al menos 5% de rechazo, en comparación son 252 piezas rechazadas diariamente y al tener el Gage de corte se realizan cortes más precisos, disminuyendo el tiempo de corte hasta a 2 segundos por pieza, es decir, de 7 horas efectivas se cortan mínimo 12,600 piezas, con rechazo en promedio de 1%, traducido en cifras tenemos 126 piezas de rechazo diarias y como conclusión se redujo un 50% el porcentaje de rechazo en general, por lo que se aumentó en un 250% la producción de piezas cortadas y se agilizo de manera significativa el proceso.

Por otra parte, se implementó la estandarización de color de contenedores plásticos, cada departamento opto por un color especifico, el impacto de esta aportación fue cuantioso, ya que en el caso particular soló se propuso un color para los contenedores de proyectos, pero al observarse que la propuesta era eficiente, la dirección de la planta propuso de forma general esta acción a todos los departamentos, y estos realizaron un consenso de cuáles serían los colores a escoger y cuales se evitarían por razones diversas.

Conclusión

Está actividad genero diversos beneficios a la empresa, tal como es la identificación rápida de piezas que no se producirán en serie, o las piezas de calidad, mismas que se colocarán en contenedores rojos. Se observó una disminución en piezas pérdidas o piezas mezcladas, incluso se puedo comprobar una mayor fluidez del proceso de producción, ya que para poder pintar todos los contenedores fue necesario limpiar las áreas destinadas como almacenes temporales, encontrando piezas no necesarias, que fueron desechadas.

Se optimizo el uso de los almacenes temporales, a causa de los códigos de colores lo que dio origen a que todos los departamentos de acuerdo con sus necesidades pudieran usar estas áreas sin necesidad de mezclar las piezas o de tener que asignar áreas enteras a todo un departamento.

Se puede observar que al firmar el contrato se espera ya una producción de 86,000 piezas en el año 2015, incrementándose a 294,000 piezas en el año de 2016 y en los años del 2017 al 2020 que

RAFAEL GARRIDO ROSADO
SERGIO HERNÁNDEZ CORONA
JOSÉ ANTONIO APARICIO HERNÁNDEZ

es el término del contrato sería una producción constante de 321,000 piezas anualmente, lo cual se traduce en líneas de producción siempre ocupadas, y en al menos 3 empleos más, ya que se ocuparan 2 empleados en las líneas de moldeado y 1 empleado más en Inspección Final.

Las causas y efectos de los problemas mencionados en este trabajo muestran una gran oportunidad para la aplicación efectiva de la metodología (APQP), al aplicarse correctamente evita problemas futuros en la fabricación y desempeño del producto, acorta los tiempos de desarrollo y establece claramente los requerimientos técnicos del producto, junto con los mecanismos para cumplirlos. Con la consecuente mejora en el desempeño de procesos y reducción de la variabilidad.

Referencias Bibliográficas.

Veliayth, R. and Fitzgerald, E. (2000). Firm capabilities, business strategies, customer preferences and hypercompetitive arenas. Competitiveness Review, 10 (1), pp. 24-34.

Gelmitti (2006) Los problemas más comunes de la pequeña y mediana empresa En: http://www.eumed.net/librosgratis/20 1 1 e/1081/problemas.htm

Bell, T. y Becker, T. (2001). Fit and flow of quality. Quality Progress, Vol. 34, 1; pp. 67-74.

Veliayth, R. y Fitzgerald, E. (2000). Advanced Quality Planning: a common sense guide to AQP and APQP. ASQ Press, Milwaukee.

Sistema de control automatizado en granja avícola

Cruz Garrido Arnulfo, Castillo Quiroz
Gregorio, Gonzaga Licona Elisa

Ingeniería Mecatrónica, Instituto Tecnológico Superior de Huauchinango. Av. Tecnológico, No. 80, Colonia 5 de Octubre, Huauchinango, Puebla, 73160.

arnulfocruz2003@yahoo.com.mx, gcquiroz1977@gmail.com, goleon37@hotmail.com

Resumen

La región de Huauchinango tiene una producción importante de engorda de pollos para consumo humano, el propósito del presente proyecto es ayudar a los criadores de pollo para engorda a lograr el rendimiento óptimo de sus aves, de manera adecuada mediante el control de las variables de: temperatura, humedad, luz y control de gases, amoniaco (NH3) y el dióxido de carbono (CO2) producidos por los desechos en galeras que afectan la salud y por lo tanto el rendimiento de las mismas.

Para lograr un alto rendimiento en la granja avícola dedicado a la engorda de pollos durante su producción en vivo, procesamiento, además de mantener la salud y el bienestar y así reducir el índice de mortalidad de las aves, se diseñó e integró un sistema de control automatizado de fácil manejo, utilizando un control de temperatura y un algoritmo de control PID para la humedad.

Otro aspecto que fue considerado fue el control de gases por el efecto de los desechos. Por lo que en base al levantamiento de campo realizado en planta se creó la estrategia para control de amoniaco (NH3) y el dióxido de carbono (CO2) producidos por los desechos de las aves (extracción y venteo temporizado), se hizo mediante el uso de sensores y extractores, para obtener mejor calidad de ambiente en el galpón lo que impacto en la salud integral de los pollos, así como el control de enfermedades con base en normas y estándares nacionales.

RAFAEL GARRIDO ROSADO
SERGIO HERNÁNDEZ CORONA
JOSÉ ANTONIO APARICIO HERNÁNDEZ

Palabras clave

Sensor, Extractor, Temperatura, Regulación

Abstract

The Huauchinango region has an important production of worlds for human consumption, the purpose of the project is to help the chicken breeders to achieve the optimal performance of their birds, adequately by controlling the variables of: temperature, humidity, light and control of gases, ammonia (NH_3) and carbon dioxide (CO_2) produced by the waste in the galleys that affect health and therefore the performance of the same.

To achieve superior performance in the poultry farm dedicated to the construction of chickens during live production, processing, in addition to maintaining health and welfare and reducing the mortality rate of birds, a control system was designed and integrated automated, easy to use, using a temperature control and a PID control algorithm for humidity.

Another aspect that was considered was the control of gases due to the effect of waste. Therefore, based on the field survey carried out in the plant, the strategy for the control of ammonia (NH_3) and the carbon dioxide (CO_2) produced by bird waste (extraction and timed venting) was created by means of the use of sensors and extractors, to obtain the best quality of environment in the house that impacts on the integral health of the chickens, as well as the control of diseases based on national standards and standards.

Keywords

Sensor, Extractor, Temperature, Regulation

Introducción

El control del ambiente dentro de los galpones de pollo es todavía hoy un asunto pendiente en la avicultura moderna en México. Si bien en buena parte de los países con gran cultura de producción avícola existen muchas formas de poder controlar el ambiente dentro de los galpones avícolas, con buenos resultados. A continuación, se escribe las principales situaciones con las que nos podemos encontrar en la avicultura mexicana y cómo ha venido desarrollándose en los últimos años, para dar paso a la ventilación de tipo túnel en épocas de calor, en combinación con una ventilación de tipo transversal para épocas frías.

La necesidad de nuevos tipos de control ambiental surge por la necesidad de obtener un mejor desarrollo de aves genéticamente y mejor alimentadas. En México se prefiere un ave de mayor tamaño que por lo tanto es más susceptible al estrés calórico, por lo cual existe una mayor exigencia para los sistemas de control ambiental en los galpones [1].

Independientemente de que produzca carne, huevos, leche u otros productos de origen animal, está bien establecido que el manejo efectivo de las condiciones ambientales reduce el costo total de producción. En el negocio de la carne de pollo, todos los componentes del proceso desde las reproductoras pesadas hasta la progenie de engorde se benefician del control efectivo del ambiente.

El objetivo es proporcionar a la parvada un medio ambiente que le permita lograr el máximo rendimiento, velocidad de crecimiento óptima y uniforme y buena eficiencia alimenticia con rendimiento en carne, asegurándonos de no afectar adversamente la salud ni el bienestar de las aves. Los sistemas generadores de calor suplementario desempeñan un papel importante en el manejo del ambiente, sobre todo durante la fase de crianza; no obstante, en muchos lugares tal vez no sea necesario el calor suplementario durante una porción de la etapa de crecimiento. Por otra parte,

Rafael Garrido Rosado
Sergio Hernández Corona
José Antonio Aparicio Hernández

se requiere una buena ventilación durante el desarrollo, incluso cuando se esté proporcionando calor suplementario, para controlar la calidad del aire. La ventilación es una la herramienta importante en el manejo del ambiente del galpón (caseta o nave) para obtener el mejor rendimiento de las aves [2].

Debido a que el sistema de temperatura y oxigenación es manipulado manualmente mediante mecanismos, y válvulas utilizando termómetros de mercurio como referencia, existe un problema el cual no se ha podido resolver a la fecha, ya que durante el invierno la temperatura no debe bajar de 26 grados, por lo que es necesario dejar encendidas las criadoras durante toda la noche, generándose un primer problema que es la oxigenación deficiente debido a las altas concentraciones de amoniaco generándose así un segundo problema, el incremento de la humedad y temperatura a 30 grados celcius provocando ahogamiento y deshidratación, factor que provoca diarrea a los pollos.

Estos dos factores dan origen a un tercer problema: es la condensación ya que afecta directamente a la producción por la generación, excesiva de calor que a su vez genera humedad y falta de oxigenación provocando problemas respiratorios y deshidratación en los pollos.

En este proyecto tiene como finalidad:

1.- Elaborar la filosofía de operación general y por estaciones describiendo cada uno de los procesos de como se integran y sincronizan.

2.- En base a la filosofía diseñar el prototipo mecánico, Eléctrico, Electrónico y de Control y Fuerza.

3.- Identificar las tecnologías aplicables que se utilizan en un requerimiento industrial, Alimentaciones: eléctricas, Tecnologías de control a utilizar, Controladores, Sistemas de Integración y control.

4.- Especificación de material y equipo, cálculo de protecciones eléctricas y calibre de conductores etc., según las condiciones de procesos.

5.- Diseño y elaboración de Diagramas técnicos, instalación, conexión de E/S, con su respectiva simulación, diseño de planta etc.

6.- Elaboración de algoritmo de control para control de temperatura y humedad

7.- Identificar las normas ISA, NOM, ANSI que aplican.

8.- Puesta en marcha mediante pruebas preliminares básicas (check-list) y cotejarlas contra proceso: Pruebas estáticas, Pruebas dinámicas, Pruebas on-line

9.- Elaboración del Manual de usuario (operador), Manual de proceso (técnico), Manual de fallos.

Metodología

A. Levantamiento de campo

La infraestructura de la propiedad cuenta con aproximadamente 2 hectáreas, la granja está ubicada en la localidad de Necaxa, dicha granja se divide en dos partes, la primera parte cuenta con 7 galpones con una capacidad de 1500 pollos, y la segunda con 4 galpones con capacidades distintas que van desde 1200 a 3000 pollos.

La granja posee dos corrales ocupados por pollitos; para poder accesar a cada corral es necesario desinfectar el calzado, cada corral este tapado en las orillas con costales para evitar que entre el frío y se divide por secciones dependiendo del tamaño del pollo, pero sin importar el tamaño ocupado de la galera, colocan una cama de paja cubriendo todo el piso, al mismo tiempo una calentadora por medio de gas y un hule que ayuda a que el calor se mantenga en la sección.

B. Toma de muestras de temperatura y humedad.

Se tomaron muestras de temperatura y humedad en diferentes puntos de la sección ocupada por los pollitos considerando el tamaño adulto de los pollos. Las muestras se tomaron durante varios días para garantizar la fiabilidad de los datos observando el comportamiento de las variables.

La medición de las variables se realizó en lapsus de tiempos distintos. Para la medición se realizó con dos dispositivos (sensores de temperatura y humedad), observándose que en el intervalo de tiempo de las 5 de la madrugada y las 7 de la mañana la temperatura baja entre dos o tres grados, también se pudo notar que entre las 11 de la noche y las 2 de la mañana, el calor producido genera una gran cantidad de humedad.

Los valores obtenidos en la Tabla 1 se observa el comportamiento de la temperatura y humedad.

HORA	PROMEDIOS CON SENSOR			
	TEMPERATURA A 5 cm	TEMPERATURA A 20 cm	% HUMEDAD A 5 cm	% HUMEDAD A 20 cm
08:30-09:00	31.9167	32.75	84.25	84.55
09:30-10:00	32.6833	32.7333	79.8333	79.7683
11:30-12:00	32.55	32.3833	77.6167	78.6167
12:30-01:00	31.6667	31.5333	80.1	80.2333
02:30-03:00	31.95	31.8833	81.1167	79.9833
03:30-04:00	31.55	31.6833	81.7667	79.6167
05:30-06:00	31.7167	31.7667	80.95	78.75
06:30-07:00	31.0167	31.2	80.85	80.1833

Tabla 1. Comportamiento de temperatura y humedad

C. Diseño de planta.

El diseño de planta se elaboró con dos softwares SolidWorks y AutoCAD. En AutoCAD se diseñó los planos de distribución de la galera con las dimensiones reales. En SolidWorks se presenta la estructura e instalación de las tuberías dentro del galpón.

D. Construccion del sistema

Diseño de sistema de Extracción y Venteo

La construcción del sistema en uno de los galpones ofrecidos para trabajar, lo primero que se realizó son las tuberías de PVC con sus bases hechas de solera, la instalación de tubería se hizo cortando los tubos PVC de 4 metros, con codos se hizo la conexión con el extractor y se le perforó el tubo con broca de 1/4 en los primeros 4 metros y de 1/2 en los siguientes cuatro metros, esto debido a la distancia de extracción. Para la instalación de los extractores se realizó un agujero por el cual saldrá el amoniaco, se sujetaron con solera y tornillos. Una vez instalados los extractores se conectaron los controladores los cuales, por medio del sensor reciben la señal y la reenvían para hacer funcionar los extractores.

Control del sistema

En las diferentes estaciones de engorda de pollo se diseñó y se implementó un sistema de control de Temperatura (T) en las diferentes estaciones de engorda de pollo. Además, se anexó un sistema de control de Humedad Relativa (RH)

Por otro lado, se diseño y se implementó un sistema de control de Luz (LX), basado en lámparas de led de 12 watts. Tambien se implementó un sistema de control de gas Amoniaco (NH_3) y control de gas Dioxido de carbono (CO_2) en las diferentes estaciones de engorda de pollo.

Rafael Garrido Rosado
Sergio Hernández Corona
José Antonio Aparicio Hernández

Por último, para facilitar el manejo de todo el sistema se implementó un circuito de botonera con sus indicadores, start, stop y paro emergente.

Resultados y discusión

Como resultado obtuvimos un excelente desempeño del sistema para una producción que cuenta con 1100 pollos con una edad de dos semanas, se configuró una esteresis que permite que los extractores inicien cuando la temperatura llega a los 31 grados y se apaguen cuando llega a los 28 grados centígrados esta temperatura es manipulable y se cambia cada semana durante el proceso de producción, siendo la temperatura final de 26 grados centígrados para el pollo adulto donde se muestra la adaptación del extractor con los tubos PVC.

Se hizo el comparativo de los resultados de temperatura y humedad entre el sistema sin automatización y el sistema automatizado.

Así también se hizo un comparativo de muerte como se muestra en la Gráfico 1, entre una galera sin el sistema automatizado y una galera con sistema automatizado, observando que en la galera que posee el sistema solo se encontraron 8 pollos muertos en comparación con la galera que carece del sistema en donde se encontraron 28 pollos muertos en 7 semanas. Add her Grafico 1. Comparativo de muerte de pollos

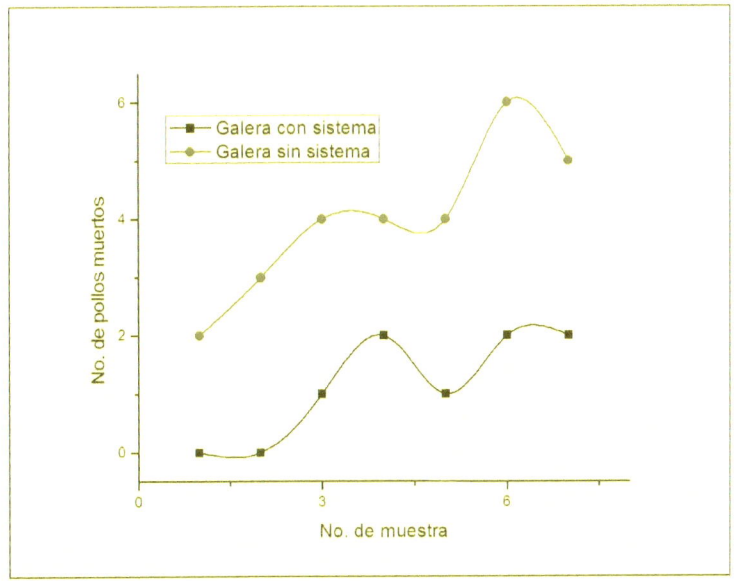

Gráfico 1. Comparativo gráfico de muertes de pollos de una galera

Posterior a esta, se mantendrá en observación el proceso del desarrollo de las aves tomando como referencia un galpón con las mismas dimensiones y que cuenta con pollos de la misma edad.

De acuerdo a lo observado se obtuvo un excelente desempeño del sistema, para una producción que contó con 1100 pollos en la galera automatizada, reduciendo del 3% al 5 % la mortandad, a un 005 %. En cuanto al control de humedad y amoniaco este ayudó a reducir en un 95% las enfermedades virales, lo que permitió tener pollos más sanos a la comunidad y reducir costos en medicamentos.

Conclusiones

Finalmente, el sistema implementado en las galeras funciona bien con solo un controlador, en un principio de acuerdo al estudio realizado en los muestreos se tenían contemplado implementar cuatro áreas a controlar, actualmente se encuentra funcionando un solo controlador para las cuatro áreas.

Como resultado del proyecto, es posible concluir, que controlar la temperatura y extracción de amoniaco de un galpón, nos proporciona un mejor desarrollo del pollo y reduce la muerte de los mismos. Por otro lado, el proyecto estaría más completo si se hubieran instalado unas resistencias para proporcionar calor automáticamente cuando la temperatura baje de un cierto grado o cuando se apaguen los extractores.

Agradecimiento

Los autores desean expresar su agradecimiento a la carrera de Ingeniería Mecatrónica del Instituto Tecnológico Superior de Huauchinango por el apoyo y las facilidades para el desarrollo de este trabajo.

Referencias

David Lahoz Fuertes. (2012). "Control Ambiental en Galpones de Pollos". En Engormix. Consultado el 4 de noviembre de 2017. Disponible en HYPERLINK "https://www.engormix.com/avicultura/articulos/control-ambiental-galpones-pollos-t25959.htm" https://www.engormix.com/avicultura/articulos/control-ambiental-galpones-pollos-t25959.htm

James O. Donald. (2009). "Manejo del Ambiente En el Galpón de Pollo de Engorde". En Aviagen, Inc. Consultado 4 de noviembre de 2017. Disponible en HYPERLINK "http://es.aviagen.com/assets/Tech_Center/BB_Foreign_Language_Docs/Spanish_TechDocs/Aviagen-Manejo-Ambiente-Galpn-Pollo-Engorde-2009.

pdf" http://es.aviagen.com/assets/Tech_Center/BB_Foreign_Language_Docs/
Spanish_TechDocs/Aviagen-Manejo-Ambiente-Galpn-Pollo-Engorde-2009.pdf

Rodríguez Illera, J. L. (2003), "El libro electrónico", [disponible en: HYPERLINK
"http://jamillan.com/celill.htm" http://jamillan.com/celill.htm, recuperado: 24 de
julio de 2007.

H.S. Tzou y T. Fukuda "Precision Sensors, Actuators and Systems". Kluwer
Academic Publishers. 1992.

Programming industrial automation systems: concepts and programming
languages, requirements for programming systems, aids to decision-making tools.
John, Karl-Heinz. 1995.

Terzi E., Regber H., Ebel F. "Controles lógicos programable", Festo Pneumatics,
1999.

Córdoba, E., Notas Seminario Manufactura y Automatización Industrial.,
Universidad Nacional de Colombia, 2003.

Facultad de Ingeniería y Ciencias., Proyecto de Ingeniería Mecatrónica.,
Universidad Nacional de Colombia, 2001.

Sintonización y comparación de controladores para un aeropéndulo

Castillo Quiroz Gregorio, Hernández Luna
Aldo, Luna Mejía Eugenio

Instituto Tecnológico Superior de Huauchinango. Av. Tecnológico, No. 80, Colonia 5 de octubre, Huauchinango, Puebla, 73160.

gcquiroz1977@gmail.com, hl.aldo22@gmail.com, eugemoon@hotmail.com

Resumen

En este artículo se presenta la aplicación de distintos sistemas de control a un aeropéndulo, el cual es una extensión del péndulo simple con la diferencia de que el aeropéndulo cuenta con un motor como masa. Este motor permite posicionar el aeropéndulo en una posición angular deseada por medio de los sistemas de control aplicados. Los sistemas de control que fueron desarrollados para este sistema: control PID, asignación de polos por retroalimentación de estados y controlador fuzzy, para lograr ese objetivo se modeló la dinámica del aeropéndulo usando el método de Euler- Lagrange y se linealiza con el método de retroalimentación. Cada controlador fue aplicado en un entorno de realidad virtual desarrollado en Simulink de Matlab para verificar la efectividad de estos y después ser aplicados al modelo físico. Los resultados de la simulación y del modelo físico fueron medidos y comparados para verificar su veracidad; buscando identificar las fortalezas y debilidades de cada uno de los controladores y la dinámica bajo la que trabaja cada uno de ellos.

Palabras clave

Aeropéndulo, control difuso, control PID, trayectoria del plano de fase

Abstract

In this work presents the application of different control systems to an aeropendulum, which is an extension of the simple pendulum with the difference that the aeropendulum has an engine as mass. This motor allows to position the aeropendulum in a desired angular position by means of the applied control systems. The control systems that were developed for this system: PID control, poles assignment by state feedback and fuzzy controller, to achieve that objective was modeled the dynamics of the aeropendulum using the Euler-Lagrange method

Rafael Garrido Rosado
Sergio Hernández Corona
José Antonio Aparicio Hernández

and linearized with the feedback method. Each controller was applied in a virtual reality environment developed in Matlab Simulink to verify the effectiveness of these and then applied to the physical model. The results of the simulation and the physical model were measured and compared to verify their accuracy; Seeking to identify the strengths and weaknesses of each of the controllers and the dynamics under which each one works.

Keywords

Aeropendulum, fuzzy control, PID control, phase plane trajectory

Introducción

Las prácticas de laboratorio han formado parte del plan de estudios de Ingeniería Mecatrónica. Su importancia se ha reconocido por el Consejo de Acreditación de la Enseñanza de la Ingeniería (CACEI). Como experiencia práctica la inclusión de este recurso en las materias del plan de estudios es importante en el currículo de nuestros alumnos de nivel licenciatura. En este trabajo se describe el desarrollo y pruebas de un módulo de laboratorio portátil, diseñado para complementar la formación de los estudiantes en las materias de: Programación, Métodos Numéricos, Dinámica de Sistemas, Control y Control Digital.

El comportamiento de un sistema dinámico se encuentra condicionado por las acciones que se ejerzan sobre el mismo. Esas acciones pueden ser ejercidas como acciones deseadas, a través de variables manipuladas o no manipuladas directamente. Los efectos de esas acciones se reflejan en las variables del sistema que bajo ciertas condiciones se desea mantener en un valor determinado. El desafío actual es el modelado y control, interrelacionados, de sistemas modernos y complejos, tales como el control de tráfico, procesos químicos, biológicos, epidémicos y sistemas robóticos (Dorf y Bishop, 2007).

Para controlar los sistemas dinámicos es necesario conocer y comprender su funcionamiento. Una de las vías que permite llegar a dicha comprensión es el modelado matemático a través de ecuaciones diferenciales. Para el control de los sistemas, existen otros tipos de metodologías como el control fuzzy y el control óptimo y se utilizan como alternativas a los controladores clásicos y modernos con el fin de lograr un mejor desempeño.

Los sistemas de control se han consolido como una herramienta útil en el tratamiento y modelación de sistemas complejos y no lineales que presentan fenómenos como puntos de equilibrio, ciclos límite, bifurcaciones y análisis de estabilidad.

Rafael Garrido Rosado
Sergio Hernández Corona
José Antonio Aparicio Hernández

El aeropéndulo es un ejemplo de sistema no lineal y requiere de aplicaciones de control que le permitan posicionarse a un ángulo deseado, cabe señalar que este instrumento cuenta con un motor como masa en el extremo final de una barra con longitud L de donde parte su dinámica no lineal.

El objetivo es diseñar, modelar y simular tres tipos de control: PID, CEV y FUZZY bajo rendimientos mejorados de poca incertidumbre proporcionando mejores resultados en comparación con estudios similares donde se analizan el modelo matemático para su correcta función en realimentación lineal y no lineal (Enikov y Campa, 2012), análisis de estabilidad con parámetros no lineales subordinado al control digital retardado (Habib y cols, 2015) y otras donde se enfocan solo en el control FUZZY (Farooq y cols, 2015). En este trabajo de investigación, se analizan y se comparan los tres controles a fin de conocer el más ideal para controlar la posición angular del aeropéndulo mejorando el rendimiento de la estabilidad.

El control clásico sólo puede tener una entrada y una salida (SISO) por lo que su uso en los puntos de operación se ve limitado en un sistema no lineal. En cambio, el control moderno tiene mayor precisión ya que está limitada por la complejidad de los cálculos que requiere.

Sin embargo, el control FUZZY proporciona una manera simple de controlar el sistema, debido a la capacidad de tomar decisiones y en base a ellas regir al mecanismo.

Los tres controles antes mencionados presentan metodologías diferentes con el propósito de posicionar el ángulo deseado del aeropéndulo. Para lograr el objetivo se aplica un modelo matemático linealizado para el control PID y el control de estructura variable ya que estas dos pertenecen a la familia de sistemas lineales a diferencia del control fuzzy perteneciente a los no lineales (Lee, 1990).

Este tipo de estudio permite a los estudiantes una experiencia práctica en aplicaciones de control tales como estabilidad de sistemas, análisis de tiempo muerto, tiempo de subida, overshoot, mediciones, así como para propósitos de entretenimiento permitiendo desarrollar y ampliar conocimientos en el área de mecatrónica.

Metodología

El sistema del Aeropéndulo, es de orden superior, no lineal. Es un excelente sistema para llevar a cabo pruebas para diversas técnicas de control y las teorías de control moderno.

a. *Modelación matemática.*

Para obtener el modelo matemático del sistema se requiere aplicar la ecuación de Euler-Lagrange. La ecuación que describe al aeropéndulo tomaría la siguiente forma:

$$mL^2\,\theta'' = -mgLsin\theta - c\theta' + kLu \qquad (1)$$

Donde se consideran los siguientes datos:

mg: Peso del motor

c: Constante de fricción

θ: Ángulo de desplazamiento

L: Longitud del aeropéndulo

u: Valor de la señal PWM

k: Indica la conversión de la señal PWM en una fuerza de empuje.

Con el modelo matemático (1) el sistema tiene una banda muerta, es decir, para valores PWM pequeños el péndulo no se mueve, para ello se toman en cuenta otros parámetros como el desplazamiento horizontal u_0 y la pendiente $s = {}^{mg}\!/_k$ con el fin de corregir el modelo y redefinir la señal de control de manera que el término no lineal $sen(\theta)$ y la banda muerta se cancelen (Enikov y Campa 2012).

$$mL^2\,\theta'' + c\theta' = KL\tilde{u} \tag{2}$$

Ahora que el modelo se volvió lineal es posible representarlo como una función de transferencia

$$G(s) = \frac{kL}{mL^2 s^2 + cs}. \tag{3}$$

Para este trabajo se consideran los siguientes datos del sistema (1), los cuales se muestran en la Tabla 1.

b. *Diseño de los controladores para el aeropéndulo*

Un control PID es un mecanismo de control por realimentación, donde parte de su función es calcular el error entre un valor medido y un valor deseado debido a su algoritmo que consiste en enfocarse sobre el error con tres parámetros distintos; el primer parámetro es el proporcional donde se da una señal de control proporcional al error; el segundo es el integral, mediante ésta se eliminan errores en estado estacionario y el tercero es el derivativo quien puede anticipar el futuro del comportamiento de la señal de error. Este controlador se expresa matemáticamente por la ecuación 4 (Ogata, 2010).

$$u(t) = kp\left(e(t) + \frac{1}{Ti}\int_o^t e(\pi)d\tau + Td\frac{de(t)}{dt}\right) \tag{4}$$

De acuerdo a esta expresión, es fácil observar que el error pasa por los 3 parámetros antes de llegar al proceso y existe una realimentación que lo convierte en un sistema de control de lazo cerrado.

Tras pruebas realizadas se encontraron los valores ideales de los parámetros PID, ver Tabla 1.

Para el Control de Estructura Variable (CEV) se aplica la técnica de ubicación de los polos del sistema en lazo cerrado por retroalimentación de estados. Primero se simplifica las ecuaciones diferenciales del sistema, específicamente en su orden mayor o igual a dos.

Se puede observar que la dinámica de este control es trabajar con variables de estado y asignación de polos, por lo tanto despejando θ de (2)

$$\theta'' = \frac{k}{mL}\tilde{u} - \frac{c}{mL^2}\theta' \qquad (5)$$

Se realiza el cambio a variables de estado y sustituyéndolas en (5) se obtiene:

$$\dot{x}_1 = x_2 \qquad (6)$$

$$\dot{x}_2 = \frac{k}{mL}\tilde{u} - \frac{c}{mL^2}x_2 \qquad (7)$$

Debidamente se busca un sistema linealizado de la forma:

$$\dot{x} = Ax + Bu \qquad (8)$$

y haciendo los cálculos se encuentra la matriz A y el vector B equivalentes a:

$$A = \begin{bmatrix} 0 & 1 \\ 0 & -\frac{c}{mL^2} \end{bmatrix} \qquad (9)$$

$$B = \begin{bmatrix} 0 \\ \frac{k}{mL} \end{bmatrix} \qquad (10)$$

Así el modelo lineal del aeropéndulo se puede expresar como:

$$\dot{x} = \begin{bmatrix} 0 & 1 \\ 0 & -\frac{c}{mL^2} \end{bmatrix}\begin{bmatrix} x_1 \\ x_2 \end{bmatrix} + \begin{bmatrix} 0 \\ \frac{k}{mL} \end{bmatrix} u \qquad (11)$$

Ahora usaremos el esquema de control mediante retroalimentación de estados

$$u = -kx \qquad (12)$$

Sustituyendo los valores numéricos de la matriz A y el vector B en la matriz de controlabilidad M.

RAFAEL GARRIDO ROSADO
SERGIO HERNÁNDEZ CORONA
JOSÉ ANTONIO APARICIO HERNÁNDEZ

$$M = [B \ AB] \ . \tag{13}$$

y calculando la ecuación característica del sistema dada por

$$|I\lambda - A| = \lambda^2 + 3.8094\lambda. \tag{14}$$

Encontramos el valor de a_1 y a_2

$$a_1 = 3.8094 \ y \ a_2 = 0 \tag{15}$$

Seguidamente para la selección de los polos se utilizarán las propuestas de donde los polos estables están localizados en:

$$\mu_{1,2} = -2.8 \pm 1 * i \tag{16}$$

y como la ecuación característica del sistema está dada por:

$$(\lambda - \mu_1) \ (\lambda - \mu_2) = \lambda^2 + 5.6\lambda + 8.84 \tag{17}$$

de donde

$$b_1 = 5.6 \ y \ b_2 = 8.84 \tag{18}$$

Sabemos que el vector de ganancias por retroalimentación deseado, es dado como:

$$K = [b2 - a2 \quad b2 - a2] \ T^{-1} \tag{19}$$

donde T y W están dados por:

$$T = MW \tag{20}$$

$$W = \begin{bmatrix} a2 & a1 \\ a1 & 0 \end{bmatrix} \tag{21}$$

Entonces sustituyendo los valores numéricos y haciendo los cálculos correspondientes se obtiene la señal de control de la matriz K.

K=[1.0055 0.2037]   (22)

De esta manera se puede representar el control CEV en Simulink utilizando la técnica por realimentación de estados y asignación de polos con los siguientes datos, ver Tabla 1:

Parámetro	Descripción	Valor
k	Coeficiente de conversión de la señal PWM en una fuerza de empuje	0.08
c	Constante de fricción	0.009013
L	Longitud del aeropendulo	0.26
m	Masa	0.035
g	Constante de gravedad	9.81
kp	Constante proporcional	0.47
ki	Constante integral	0.1
kv	Constante derivativo	0.3
slope	Pendiente	79
u	Señal de PWM	33
U1	Polo 1	-2.8+i
U2	Polo 2	-2.8-i
slope	Pendiente	79
u	Señal de PWM	33

Tabla 1. Parámetros de los controladores PID y CEV

Y para el control fuzzy a diferencia de los anteriores, ésta no necesita un modelo matemático debido a que no requiere identificar el sistema.

Rafael Garrido Rosado
Sergio Hernández Corona
José Antonio Aparicio Hernández

Generalmente se pueden clasificar en dos tipos: Mamdani y Takagi-Sugeno (Wang, 1994). La principal diferencia entre estos controladores radica en la consecuencia de las reglas. Para el controlador tipo Mamdani, esta consecuencia es un conjunto difuso y para el tipo Takagi-Sugeno es una función lineal de las entradas. En este trabajo se utiliza el tipo Mamdani donde las reglas difusas IF-THEN son de la forma siguiente:

$$R^{(L)}: \textbf{IF } u_1 \textbf{ is } F_1^L \textbf{ AND } u_2 \textbf{ is } F_2^L \textbf{ AND } ... \qquad (23)$$
$$\textbf{AND } u_p \textbf{ is } F_p^L \textbf{ THEN } v \textbf{ is } G^L$$

El controlador difuso se compone principalmente de cuatro elementos, los cuales se agrupan en el sistema que a continuación se describen (Passino and Yurkovich, 1998):

Una Base-Regla que contiene la lógica difusa exhibiendo una descripción lingüística de un experto con el fin de lograr un control deseado. Un mecanismo de inferencia que emula la decisión del experto en la interpretación y aplicación de conocimientos sobre el control ideal del proceso. Su comportamiento dinámico es en general caracterizado por un conjunto de reglas difusas. Una interfaz de fusificación, que convierte las variables de entrada del controlador en la información que el mecanismo de inferencia pueda usar para activar y aplicar las reglas. Una interfaz de defusificación, que convierte las conclusiones del mecanismo de inferencia en la salida real para el proceso.

Se diseña el control fuzzy del aeropéndulo para que opere tal y como lo haría un experto quien decide en base a reglas lingüísticas la aproximación de la función mediante la relación de entradas y salidas del sistema. Como variables de entrada se usa el error, su derivada y su integral y como variables de salida se utilizan diferentes voltajes para cada entrada, por lo tanto, se tiene 3 entradas y 3 salidas con sus respectivas variables lingüísticas representadas.

Así, mediante la relación de entradas (error) y salidas (voltaje) se procede a modelar el control en base a reglas lingüísticas IF-THEN, donde la lógica difusa usa un grado de pertenencia o membresía en forma triangular y trapezoidal.

Dado los valores lingüísticos para las entradas y salidas, que definen el funcionamiento del controlador cuya función principal es modelar la información en 5 reglas simplificadas como se presenta a continuación:

R1: If (Error_P is ENG) and (Error_I is ENG) and (Error_D is ENG) then (VOLTP is KPG) (VOLTI is KIG) (VOLTD is KVG)

R2: if (Error_P is ENP) and (Error_I is ENP) and (Error_D is ENP) then (VOLTP is KPM) (VOLTI is KIGM) (VOLTD is KVM)

R5: if (Error_P is EVC) and (Error_I is EVC) and (Error_D is EVC) then (VOLTP is KPP) (VOLTI is KIP) (VOLTD is KVP)

R3: if (Error_P is EPP) and (Error_I is EPP) and (Error_D is EPP) then (VOLTP is KPM) (VOLTI is KPG) (VOLTD is KVM)

R4: if (Error_P is EPG) and (Error_I is EPG) and (Error_D is EPG) then (VOLTP is KPG) (VOLTI is KPG) (VOLTD is KVG)

Resultados

Finalmente, el sistema general del aeropéndulo se representa donde tiene la etapa de control PID, CEV y FUZZY, la planta y el conversor después de la entrada y antes de la salida. Cabe señalar que los datos que se usaron son reales del prototipo del aeropéndulo. A continuación, se ilustra el comportamiento de la respuesta del aeropéndulo de manera real dada una señal de referencia de ángulo a 45° en un tiempo de 10 segundos para los tres controladores, ver Gráfico 1.

RAFAEL GARRIDO ROSADO
SERGIO HERNÁNDEZ CORONA
JOSÉ ANTONIO APARICIO HERNÁNDEZ

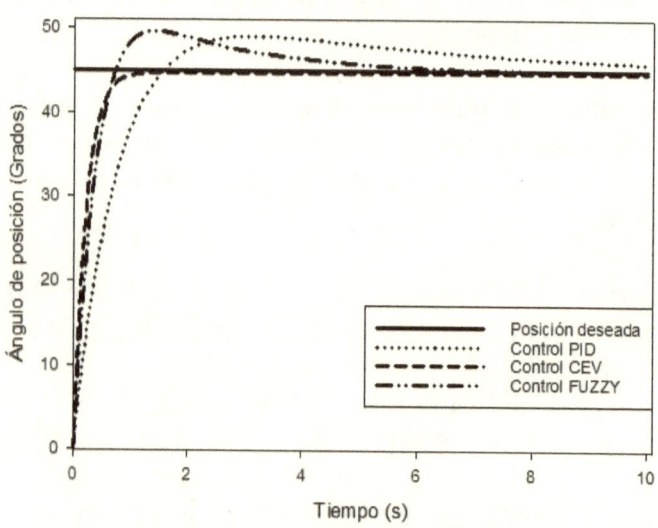

Comparación de controladores

Gráfico 1. Comparación de los controladores PID, CEV
y FUZZY en el sistema del aeropendulo

En este análisis se muestran los resultados de los tres diferentes controladores control PID, control FUZZY y un control CEV para un sistema aeropéndulo, el cual es representado por un modelo no lineal. Sin embargo, para la simulación del sistema virtual se utiliza un modelo lineal (ecuación 3). En ambos casos se obtiene el comportamiento dinámico del sistema con una entrada escalón unitario dada como una señal de referencia de ángulo a 45° en un tiempo de 10 segundos, para los tres controladores:

En el primer caso, la del controlador PID, la respuesta obtenida muestra que el sistema virtual responde lento y un mayor tiempo de asentamiento. Para el sistema del aeropéndulo como se ha mencionado es un sistema no lineal responde con unas variaciones al ángulo deseado, debido a que el sensor de posicionamiento es muy susceptible a pequeñas perturbaciones.

En el segundo caso se compara la respuesta del controlador CEV; de donde la respuesta del sistema virtual y real es sin sobrepaso y menor tiempo de establecimiento.

En el tercer caso, la del controlador FUZZY, la respuesta obtenida muestra que el sistema virtual responde rápido, pero con un sobrepaso menor que la del controlador PID. Para el sistema real la respuesta es lenta posicionándose al ángulo deseado sin dificultades.

En los tres casos se puede notar que las respuestas del sistema virtual y real es mucho mejor para el caso del controlador CEV y FUZZY, debido que ofrecen menor tiempo de establecimiento y mejor rápidez por lo que ambos controladores son una buena opción para este sistema no lineal.

Agradecimiento

Los autores desean expresar su agradecimiento a la carrera de Ingeniería Mecatrónica del Instituto Tecnológico Superior de Huauchinango por el apoyo y las facilidades para el desarrollo de este trabajo.

Conclusiones

En el diseño, la modelación y la aplicación de un controlador PID, CEV y FUZZY para un sistema de aeropéndulo se obtienen respuestas aceptables con diferencias de precisión del ángulo deseado.

En base al análisis, el control PID presenta mucha oscilación e impide que el aeropéndulo se estabilice al ángulo de referencia deseado, esta observación pone en desventaja este control para intervenir en el sistema.

En cambio, aplicando el control FUZZY con 5 reglas básicas se obtiene un resultado mejor que el control PID en cuanto al tiempo

Rafael Garrido Rosado
Sergio Hernández Corona
José Antonio Aparicio Hernández

de respuesta y estabilidad. Por otra parte, el desarrollo y diseño de este tipo de control es más fácil realizarlo cuando se conoce la lógica del sistema.

Empleando el control CEV se puede notar que el tiempo de respuesta y la estabilidad del aeropéndulo respecto al valor de referencia deseado es mejor a comparación de los otros dos sistemas de control.

Por lo tanto el controlador CEV es el más eficaz para el sistema del aeropéndulo en cuanto al tiempo de respuesta y por dar mejor estabilidad al valor de referencia.

Referencias

Dorf R. C., y Bishop R. H. (2007) Sistemas de Control Moderno, 10ª Ed., Prentice-Hall.

Enicov, E. T., & Campa, G. (2016). PROYECTO AEROPENDULUM. Obtenido de PROYECTO AEROPENDULUM: http://aeropendulum.arizona.edu/

Enikov E. T. y Campa G. (2012). Mechatronic Aeropendulum: Demonstration of Linear and Nonlinear Feedback Control Principles with Matlab/Simulink Real-Time windows target. IEEE transactions on education, 55(4), 538-545.

Habib G., Miklós Á., Enikov E. T. y Rega G. (2015). Nonlinear model-based parameter estimation and stability analysis of an aero-pendulum subject to digital delayed control. 1-14.

Farooq U., Gu J., El-Hawary Mo. Y Asad M. U. (2015). Regulador de LMI fuzzy basado en observador para la estabilización y control de seguimiento de un aeródulo. Procedimiento del IEEE 28 Conferencia Canadiense sobre Ingeniería Eléctrica e InformáticaHalifax, 1508-1513.

Lee C. C. (1990). Fuzzy Logic in Control Systems: Fuzzy Logic Controller (Part I and II), IEEE Trans. On Systems, Man, and Cybernetics, vol. 20, no. 2.

Martins M. C. M y Vellasco M. Fuzzycom-Componente De Logica Fuzzy. Conselho Nacional De Desenvolvimiento Cientifico E Tecnologico, 1, pp.15.

MathWorks. (2016). Simulink. Obtenido de MathWorks: https://www.mathworks.com/products/simulink/

Miyara, F. (2004). Filtros Ideales. En F. Miyara, Filtros Activos (págs. 8-12). Argentina: Universidad Nacional de Rosario.

Ogata K. (2010). Ingeniería de control moderno. Madrid: Pearson educación S.A.

Passino K. M., and Yurkovich S. (1998). Fuzzy Control, Addison Wesley Longman, Inc., Menlo Park, California, USA.

Wang L. X. (1994). Adaptive Fuzzy Systems and Control, Englewood Cliffs NJ: Prentice-Hall.

Diseño, implementación y mejora del proceso de crimpado en la línea de serpentines estándar

Eugenio Santiago Hernández, Iván Reyes León,
Julio César Martínez Hernández.

Instituto Tecnológico Superior de Huauchinango. Av. tecnológico, No. 80, Col. 5 de octubre, Huauchinango, Puebla, 73173.

eugenio.santiago1603@gmail.com, ingivanreyes_tec@hotmail.es, julio.cmh@hotmail.com

Resumen

El presente trabajo muestra el diseño y construcción de una estación de crimpado para una línea de serpentines estándar en una empresa Metal Mecánica. El dispositivo mecatrónico tiene la función de colocar una esprea dentro de un tubo de cobre y a su vez dar una forma específica al tubo. Este dispositivo funciona con el principio básico de una prensa tanto para la colocación de la esprea como para dar una forma específica. Para identificar la problemática, fue necesario hacer un seguimiento del proceso, poniendo especial énfasis en la operación de Crimpado.

El proceso de Crimpado dentro de la línea de serpentines estándar presentaba elevados tiempos de fabricación y demoras, esta situación impactó en gran medida en la empresa, por tal motivo el área de producción adquiría piezas de manera externa para completar el lote solicitado por el cliente, elevando sus costes de producción.

La estación de crimpado es un mecanismo que está constituido principalmente por tres pistones de 100mm de carrera, un sistema electrohidráulico con una bomba, electroválvulas, dos sensores ópticos, y tablero de control, es importante señalar que el diseño y construcción está apegado a la norma ISO 8015, con la finalidad de cumplir con los criterios de calidad que exige el mercado actual.

Con el diseño e implementación de la estación se eliminó la compra de subproductos a terceros, mejorando los tiempos de producción impactando de forma positiva en los costes unitarios de producción.

Rafael Garrido Rosado
Sergio Hernández Corona
José Antonio Aparicio Hernández

Palabras clave

Crimpado, esprea, diseño.

Abstract

The present work shows the design and construction of a crimp station for a line of standard coils in a Metal Mecanic company. The mechatronic device has the function of placing a spout inside a copper tube and in turn giving a specific shape to the tube. This device works with the basic principle of a press for both the placement of the spreader and to give a specific shape. To identify the problem, it was necessary to monitor the process, placing special emphasis on the Crimp operation.

The crimp process within the line of standard coils presented high manufacturing times and delays, this situation had a great impact on the company, for this reason the production area acquired pieces externally to complete the batch requested by the client, raising your production costs.

The crimp station is a mechanism that is mainly constituted by three pistons of 100mm of stroke, an electrohydraulic system with a pump, electrovalves, two optical sensors, and control board, it is important to note that the design and construction is compliant with the norm ISO 8015, in order to meet the quality criteria demanded by the current market.

With the design and implementation of the station, the purchase of by-products from third parties was eliminated, improving the production times, impacting in a positive way the production unit costs.

Keywords

Crimped, esprea, design.

Introducción

A través del paso del tiempo se ha tenido la necesidad de conservar los alimentos, medicamentos y tener el control de un sistema de refrigeración dentro de una habitación e incluso dentro de un camión para el traslado de estos, para ello tenemos que acondicionar, ajustar y controlar.

Para su adecuación se necesitan dispositivos que nos ayuden con esta tarea, uno de los principales elementos en esta actividad son los serpentines, nombre que reciben los intercambiadores de calor de superficie extendida para calentar o enfriar algún fluido, por lo general se utilizan en: refrigeración, aire acondicionado, secado con vapor de algún producto, unidades manejadoras de agua, en este el intercambio de calor se da por la diferencia de temperaturas entre los fluidos, se fabrican en varios materiales según su aplicación; como son: cobre-aluminio, aluminio-aluminio, cobre-cobre, cobre-inoxidable, inoxidable-inoxidable, acero al carbón-aluminio, acero al carbón-acero al carbón, entre otros.

El presente caso de estudio se sitúa en la línea de serpentines estándar, en la cual encontramos el proceso de crimpado que consiste en colocar una esprea dentro del tubo a una profundidad de 10.275mm y darle una forma específica al tubo de acuerdo con la norma ISO 8015, esta forma consiste en reducir el diámetro en la parte inferior y superior de la esprea.

Las problemáticas detectadas en esta área son las siguientes: tiempos de fabricación elevados y demoras, generación de tiempos muertos, adquisición de piezas de forma externa para cumplir con las demandas contractuales de los clientes.

Por tal motivo se vio la necesidad de diseñar y construir el sistema de crimpado, para el moldeo de la salida del serpentín, el cual genero los siguientes beneficios; aumento en la producción, reducción en los tiempos de fabricación, disminución de tiempos muertos y garantizar el flujo para la continuidad de los siguientes procesos.

RAFAEL GARRIDO ROSADO
SERGIO HERNÁNDEZ CORONA
JOSÉ ANTONIO APARICIO HERNÁNDEZ

Se diseñó la mejora del sistema mecánico con ayuda del software de SOLIDWORKS, el sistema hidráulico en el software de FluidSIM Festo, ¡así como el programa de PLC´S en LOGO! Soft Comfort V8.0.

Posteriormente se llevó acabo la implementación dentro de la línea, dando paso a un sistema con mayor eficacia en el cumplimiento de las metas trazadas por el área de producción, estas son: Fabricación del número de piezas requeridas, reducción de los tiempos de fabricación y el cumplimiento con los estándares de calidad solicitados.

Metodología

Para el desarrollo de este trabajo se llevó a cabo una investigación de campo, para lo cual se acude a la estación de trabajo de crimpado para la recolección de información, como es la observación de la operación, adquiriendo los planos del tubo ya crimpado.

Proceso

El proceso de crimpado se refiere a la colocación de una esprea dentro del tubo de cobre, el tubo de cobre es de 1/4" de diámetro con un espesor de pared de 0.011".

La esprea es una pieza de cobre con un barreno en el centro, esta pieza se coloca dentro del tubo de cobre, su colocación es a presión del pistón. Es importante mencionar que esta pieza se compra.

- Para la operación de crimpado se realiza lo siguiente:
- Se coloca el tubo de cobre en la base de manera vertical.
- Se posiciona la esprea la cual será introducida por un pistón hasta un punto determinado.
- En seguida los pistones de moldeo hacen su tarea dándole una forma predeterminada.

Los pistones de moldeo se encuentran de manera horizontal, estos llevan en el vástago moldes.

Diseño

La palabra diseño proviene del término italiano disegno, que significa delineación de una figura, realización de un dibujo.

En la actualidad, el concepto diseño tiene una amplitud considerable, de tal modo que especifica su campo de acción acompañándose de otros vocablos. Así tenemos: diseño industrial, diseño artesanal, diseño gráfico, diseño textil, diseño mecánico, diseño estructural, diseño de asentamientos humanos, diseño arquitectónico, diseño de plantas industriales, diseño de proceso.

El diseño industrial es una disciplina proyectual, tecnológica y creativa, que se ocupa tanto de la proyección de productos aislados o sistemas de productos, como del estudio de las interacciones inmediatas que tienen los mismos con el hombre y con su modo particular de producción y distribución; todo ello con la finalidad de colaborar en la optimización de los recursos de una empresa, en función de sus procesos de fabricación y comercialización (entendiéndose por empresa cualquier asociación con fines productivos).

Se trata, pues, de proyectar productos o sistemas de productos que tengan una interacción directa con el usuario (pudiendo ser bienes de consumo, de capital. o de uso público); que se brinden como servicio; que se encuentren estandarizados, normalizados y seriados en su producción, y que traten de ser innovadores o creativos dentro del terreno tecnológico (en cuanto a funcionamiento, técnica de realización y manejo de recursos), con la pretensión de incrementar su valor de uso. Estos productos y sistemas de productos deben ser concebidos a través de un proceso metodológico interdisciplinario y un modo de producción de acuerdo con la complejidad estructural y funcional que los distingue y los convierte en unidades coherentes (Rodriguez, 2000).

Para realizar el diseño mecánico de la crimpadora se utilizó el software solidworks: SolidWorks: es un software CAD (Diseño Asistido por Computadora) para modelado mecánico en 3D, desarrollado en la actualidad por SolidWorks Corp., una filial de Dassault Systèmes, S.A. (Suresnes, Francia), para el sistema operativo Microsoft Windows. Su primera versión fue lanzada al mercado en 1995 con el propósito de hacer la tecnología CAD más accesible (Solidworks, 2002-2018).

El programa permite modelar piezas y conjuntos y extraer de ellos tanto planos técnicos como otro tipo de información necesaria para la producción. Es un programa que funciona con base en las nuevas técnicas de modelado con sistemas CAD. El proceso consiste en trasvasar la idea mental del diseñador al sistema CAD, "construyendo virtualmente" la pieza o conjunto. Posteriormente todas las extracciones (planos y ficheros de intercambio) se realizan de manera bastante automatizada (Rodriguez, 2013).

El diseño se inició por la estructura metálica, este es basado en el diseño de una mesa, la diferencia es que esta cuenta con 6 soporte verticales la cual tiene la siguiente medida, 810mm de ancho, 950.8mm de largo y 901.8mm de alto.

El material que se utilizó para diseñar la base de la crimpadora es el tubo estructural de acero inoxidable de 2" y calibre 11 (espesor de pared 3.05 mm).

Para el dispositivo se creó un soporte en vertical donde se coloca un pistón con dirección hacia abajo. Este tiene la función de introducir la esprea dentro del tubo de cobre.

Se diseñó una tabla donde se coloca el tubo de cobre y se anclan los pistones horizontales está hecha de Acero de Alta velocidad. Las dimensiones son: 806.16 mm, ancho de 400 mm y espesor de 40 mm. Los soportes donde se anclan los pistones tienen una forma de L con una altura de 150 mm, ancho de 100 mm y cuenta con 4 barrenos de

1/2", los cuales tienen la función de sujetar por medio de un tornillo a los pistones.

Para darle la forma específica al tubo de cobre se diseñaron un par de mordazas que a su vez se colocan al final del vástago del pistón. Las mordazas cuentan con las siguientes dimensiones: 45 mm de ancho, 100 mm de alto y largo 85 mm. Para darle forma al tubo existe un diámetro de 6.35 mm que es el diámetro exterior del tubo, y donde se colocan las dos reducciones tiene un diámetro de 4.36 mm.

Se proyectó el dispositivo que se utiliza para introducir la esprea y que a la vez se encuentra colocado al final del vástago del pistón vertical, tiene una forma redonda con diámetro exterior de 40mm y diámetro interior de 30 mm, este mismo tiene una pequeña palanca con un diámetro de 5 mm la cual se encarga de introducir la esprea hasta el punto requerido. El contener hidráulico tiene medidas de 580 mm de largo, 400 mm de ancho y 355.25 mm de alto.

Diseño del circuito electrohidráulico

Los sistemas hidráulicos se pueden encontrar en una amplia variedad de aplicaciones, desde pequeños procesos de montaje de molinos de acero, trituradoras etc. Los sistemas hidráulicos se utilizan en centros de producción y fabricación modernos. Por hidráulica se entiende la generación de fuerzas y movimientos mediante fluidos sometidos a presión.

Se entiende que los fluidos a presión hacen las veces de medio de transmisión de energía. La hidráulica utiliza básicamente los fluidos como medios de presión para mover los pistones de los cilindros. El sistema hidráulico formado por una bomba, válvulas, un depósito y un conjunto de tuberías que llevan el fluido a presión hasta los puntos de utilización.

La electrónica es la rama de las ciencias que se ocupa del estudio de los circuitos y de sus componentes que permiten modificar la corriente eléctrica y que aplica la electricidad al tratamiento de la información.

El circuito electrohidráulico consta de un circuito hidráulico más un circuito eléctrico. La parte de fuerza del circuito es hidráulica y la única diferencia con los circuitos oleo-hidráulicos son los pilotajes eléctricos de las electroválvulas. Éstas suelen ser 5/2 que son biestables, y los detectores finales de carrera que son detectores magnéticos o de palanca o rodillo (Creus, 2007).

El diseño del circuito Electrohidráulico se creó en:

FludSIm de Festo: es una aplicación pensada para la creación, simulación, instrucción y estudio electroneumático, electrohidráulico y de circuitos digitales, el programa nos permite crear circuitos muy fácilmente mediante el clásico procedimiento de arrastre y soltar. Se realizó la creación del circuito Electrohidráulico con finalidad de comprender el funcionamiento hidráulico y electrónico, así como definir su sistema de seguridad para el operador.

El sistema Electrohidráulico cuenta con un paro hidráulico el cual debe ser desactivado antes de iniciar a operar la máquina, este es un candado de seguridad el cual al activarse detiene al sistema hidráulico en caso de una emergencia.

Dentro del este sistema se encuentra el paro de emergencia el cual tiene la función de parada de emergencia sirve para prevenir situaciones que puedan poner en peligro a las personas, para evitar daños en la máquina o en trabajos en curso o para minimizar los riesgos existentes, y ha de activarse con una sola maniobra de una persona.

Con los diagramas de estado de los actuadores,podemos analizar el movimiento de los pistones, así como el retardo entre ellos.

Los cilindros que se utilizaron son de doble efecto con una carrera de 100 mm, con un diámetro de embolo de 50 mm. Estos pistones se manufacturaron de acuerdo con esta necesidad.

Las válvulas utilizadas en este circuito son 4/2 (4 vías, 2 estados). Dos de las válvulas son accionadas eléctricamente. La válvula que se encuentra como paro hidráulico se acciona por "esfuerzo muscular" (botón pulsador).

A la entrada y salida de los actuadores hidráulicos se encuentran válvulas estranguladoras antirretorno (DRVP), que son válvulas según DIN-ISO 1219 para instalaciones hidráulicas y que influyen en el caudal gracias a un estrechamiento ajustable de la sección. Tienen la función de estrangulamiento y aislamiento en un solo sentido. (Hydac, 2010)

Para el funcionamiento del equipo se cuentan con dos sensores ópticos los cuales se tienen que accionar al mismo tiempo para que realice la tarea, esto es dentro del programa del PLC se encuentra configurada una compuerta lógica AND, este sistema de seguridad se hace para que el operador mantenga las dos manos ocupadas accionando los sensores durante el funcionamiento del equipo y así evitar que pueda introducir las manos entre los actuadores. Los sensores se encuentran de extremo a extremo al alcance del operador.

Resultados y discusión

Con la Estación de Crimpado mostrada en la Figura 1, se realizaron las primeras pruebas y estas nos dieron de excelente calidad.

RAFAEL GARRIDO ROSADO
SERGIO HERNÁNDEZ CORONA
JOSÉ ANTONIO APARICIO HERNÁNDEZ

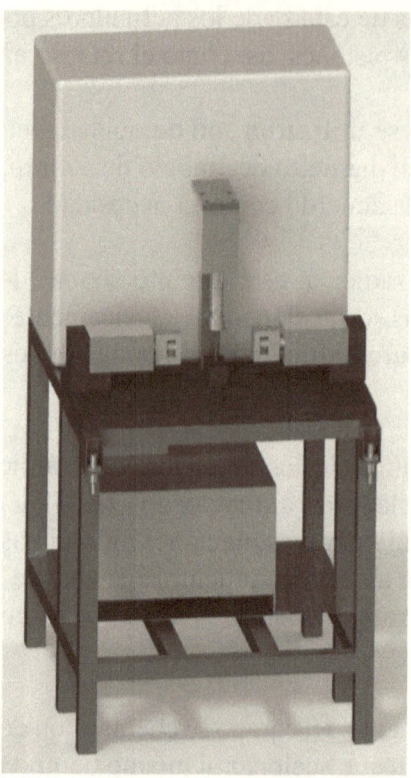

Figura 1 Diseño en SolidWorks de la estación de crimpado.

Para realizar pruebas en la crimpadora colocando un tubo de cobre en la base y la esprea en la parte superior del tubo, para que el pistón al momento de bajar introdujera la esprea al interior del tubo, y las mordazas al salir en sentido opuesto dieran la forma específica del tubo.

Durante la puesta en marcha de la estación de crimpado se observó el funcionamiento, el cual se operó conforme al diseño obteniendo un resultado favorable para la producción de tubo crimpado, además de cumplir con los objetivos como:

- Implementación de la estación de crimpado.
- Eliminación de compra de piezas al proveedor.

- Se redujo el tiempo de crimpado de 86 segundos por 1 pieza, a 86 segundos por 2 piezas, esto quiere decir que el tiempo por pieza se redujo a un 50% con respecto al tiempo anterior de producción.
- Reducción de tiempo muerto.

Para las pruebas finales se analizaron el diagrama de estado, el cual nos refleja el comportamiento de los actuadores.

Agradecimientos

Se agradece a la carrera de Ingeniería Mecatrónica del Instituto Tecnológico Superior de Huauchinango por el apoyo y las facilidades para el desarrollo del este trabajo.

Conclusiones

Con estos resultados obtenidos del diseño y la implementación se pude notar que el dispositivo tiene resultados favorables para el cumplimiento de los objetivos tanto de producción como de calidad del producto.

Con la puesta en marcha de la estación de trabajo, la operación de crimpado disminuyo su tiempo de producción en un 50%, esto quiere decir que anteriormente el tiempo que se utilizaba era de 86 segundos por una pieza, y actualmente se realizan 2 piezas en 86 segundos.

La estación de crimpado es de fácil operación para el personal, el cual cuenta con un sistema de seguridad y su nivel de riesgo de accidentes es bajo.

Además de ser un equipo proveniente de ingeniería 100% mexicana, da la facilidad de mantenimiento, ya que la mayoría de los equipos son de origen chino generando grandes complicaciones de mantenimiento hasta de operación.

Referencias bibliográficas.

Creus Solé, A. (2007). Neumática e Hidráulica. España: MARCOMBO, S.A.

Hydac. (02 de enero de 2010). Hydac. Recuperado el 16 de 08 de 2018, de https://www.hydac.com/de-en/start.html

Rodríguez Maldonado, L., Molina Salazar, J., Romero González, J., & Saidén Elías de la Garza, E. (2013). Sorteador de material conformante, programado y automatizado con base en el peso del producto.

Rodríguez Mge., G. (S.F.) (2000). Manual de diseño industrial: curso básico. MEXICO: G. Gili, S.A. de C.V.

SolidWorks. (2002-2018). Dassault Systèmes SolidWorks Corporation. Obtenido de https://www.solidworks.com/es

ISO 8015:2011(E). Geometrical product specifications—Fundamentals—Concepts, principles and rules.

Robot móvil tele operado mediante una aplicación en Android

Luna Trejo Cupertino, Cruz Luna Manuel, Rojas Balbuena Dorian

Instituto Tecnológico Superior de Huauchinango. Av. Tecnológico, No. 80, Col. 5 de octubre, Huauchinango, Puebla, 73160.

cuper_luna@hotmail.com, mcruzl@hotmail.com, dorian_915@hotmail.com

Resumen

El desarrollo de aplicaciones móviles comúnmente llamadas "Apps", son hoy en día tema de desarrollo y conversación para cualquier programador con o sin experiencia en el campo. Actualmente hay un creciente y amplio mercado para este tipo de desarrollos que se pueden realizar para distintos sistemas operativos y gran variedad de dispositivos. Dentro de los sistemas operativos móviles se encuentra Android, el cual fue creado por google y está pensado y desarrollado desde la ideología OpenSource, es por ello su enorme éxito y aceptación en el mercado. Se está trabajando en el diseño de un robot móvil tele operado que transfiera video en tiempo real y de igual manera haga lecturas de la temperatura y humedad que hay en el lugar donde se encuentre.

Palabras clave

Dispositivos móviles, Android, robot tele operado, sensor de ambiente, transferencia de video.

Abstract

Developing mobile applications, well known as "Apps", are now a day a development and conversational theme for every programmer with or without experience in that area. There is a growing and wide market for this development types that can be done for different operating systems and a variety of devices. Within the mobile operating systems is Android, which was created by google and is thought and developed from the OpenSource ideology, that is why its huge success and acceptance in the market. This work is being done on the design of a tele-operated mobile robot that transfers video in real time and makes readings of the temperature and humidity in the place where it is located

Keywords

Mobile devices, Android, tele-operated robot, environment sensor, video transfer.

RAFAEL GARRIDO ROSADO
SERGIO HERNÁNDEZ CORONA
JOSÉ ANTONIO APARICIO HERNÁNDEZ

Introducción

Una de las herramientas que se tienen disponibles actualmente es sin duda, el uso de mecanismos electrónicos para realizar actividades que son incómodas o peligrosas para el ser humano. Estos mecanismos deben tener la capacidad de moverse en diversos terrenos donde el uso de cables para su control es limitado o imposible. Por eso se debe llevar a cabo la comunicación de manera inalámbrica y desde equipos móviles. Algo que también se debe considerar es que el dispositivo tenga la capacidad de transmitir imágenes en tiempo real para que la persona que lo controla tenga conocimiento del lugar donde está ubicado dicho dispositivo y lo pueda manejar de manera adecuada.

En cuanto a las tecnologías inalámbricas, se tiene infrarrojo, bluetooth y wifi. La primera tiene la desventaja que se requiere línea directa de visión entre el emisor y el receptor. La segunda se encuentra con la limitante de la distancia en cuanto al alcance de la transmisión. Y aunque la tercera es la mejor opción, requiere de mayor consumo de energía eléctrica para su funcionamiento.

Para el control del dispositivo electrónico y sus comunicaciones se tienen disponibles tarjetas Arduino y Raspberry. La primera está compuesta por un microcontrolador y la segunda tiene además un microprocesador, lo que le da la capacidad de manejar imágenes fijas o en movimiento a través de streaming, por lo que se toma esta última como mejor opción.

Metodología

Requerimientos del sistema

La infraestructura que se requiere para el sistema es la siguiente:

1. Dispositivo móvil con sistema operativo Android (Tablet o Smartphone) y comunicaciones por wifi.

2. Componentes del equipo mecatrónico

    a. Tarjeta Raspberry Pi 2.
    b. Sensor de temperatura y humedad.
    c. Módulo wifi para Raspberry
    d. Mecanismo de tracción.
    e. Cámara web.

En cuanto a la funcionalidad, se debe cumplir con lo siguiente:

1. El dispositivo móvil debe tener una interfaz con los elementos que se enlistan a continuación:

    a. Un espacio donde se pueda visualizar en tiempo real el video que se está capturando por medio de la cámara web.
    b. Controles para mover el equipo mecatrónico hacia adelante, hacia atrás y girar en ambos lados.
    c. Un espacio para mostrar los valores que están siendo detectados en tiempo real por los sensores ubicados en el equipo mecatrónico.
    d. Clave de acceso para el control del equipo mecatrónico.

2. El equipo mecatrónico debe:

    a. Moverse hacia adelante y atrás.
    b. Girar a la izquierda y a la derecha.
    c. Enviar el video captado por la cámara web al dispositivo móvil.
    d. Enviar los valores de los sensores al dispositivo móvil.
    e. Recibir información del dispositivo móvil para su movimiento.
    f. Realizar la conexión de manera inalámbrica hacia el dispositivo móvil.

3. El equipo mecatrónico debe operar únicamente con el dispositivo donde el usuario introduzca la clave correcta.

4. El equipo mecatrónico debe tener una fuente de alimentación que garantice su operatividad de manera adecuada.

Diseño del sistema

El equipo mecatrónico cuenta con una microcomputadora que incluye un microcontrolador y un microprocesador para el sensado de las variables ambientales y para el procesamiento de la información; además, tiene conectada una cámara web para la toma de imágenes y un módulo wifi para que se tengan las comunicaciones necesarias hacia el dispositivo móvil y se haga la transferencia de la información obteniendo con esto imágenes y datos en tiempo real del lugar donde se encuentra el equipo mecatrónico.

Para garantizar las comunicaciones en escenarios donde no se tenga acceso a energía eléctrica de una fuente externa, tanto el equipo como el dispositivo, cuentan con una fuente de energía interna (batería recargable), y la forma de conexión va a ser de punto a punto, generando el servidor de comunicaciones en el equipo mecatrónico y el cliente será el dispositivo móvil.

Características de los equipos a utilizar

El equipo mecatrónico está formado por una tarjeta Raspberry Pi 2, con un microprocesador ARM, cuatro núcleos para procesamiento y 1 Gb de memoria; Un módulo Wifi EW7811Un; un sensor de temperatura y humedad DHT22, debido a la precisión y rangos de valores utilizados, el envío de información será con un byte adicional para verificar errores en la transmisión de los datos; un sistema de tracción compuesto por cuatro motoreductores.

El dispositivo móvil puede ser un Smartphone o una Tablet con sistema operativo Android, tomando como base la versión 4.3 JellyBean con su Interfaz de desarrollo 18; debe tener acceso a red inalámbrica wifi con soporte al estándar 802.11 b/g/n y con pantalla táctil con un mínimo de 2 puntos táctiles.

Herramientas de desarrollo

Tomando como referencia las características del equipo y del dispositivo, se utiliza el lenguaje de programación Java; para llevar a cabo las comunicaciones de manera correcta entre los dos equipos, se hace uso de una herramienta de desarrollo conocida como Sockets, que consiste en establecer un canal de comunicaciones entre los dos equipos para que pueda fluir la información entre ellos sin ningún problema, además a nivel de red se utilizan los protocolos TCP y UDP, el primero de ellos para el envío de datos de los sensores y de los controles que estará manipulando el usuario y el segundo para la transferencia de video que requiere el sistema.

Para enviar información de los sensores desde el equipo al dispositivo, se requiere de una clase que será la encargada de encapsular los valores y, el codigo que la genera es el siguiente:

```java
public class Informacion {

    public float temperatura;

    public float humedad;

    public byte batería;

    public byte verificador;

}
```

Por otra parte, el dispositvo requiere de enviar información hacia el equipo para controlar su movimiento, para esto se requiere de otra clase definida por el siguiente código:

```java
public class Control {

    public byte avanza;
```

RAFAEL GARRIDO ROSADO
SERGIO HERNÁNDEZ CORONA
JOSÉ ANTONIO APARICIO HERNÁNDEZ

```
    public byte retrocede;

    public byte giraIzquierda;

    public byte giraDerecha;

    public boolean transmite;

    public byte verificador;

}
```

La combinación de los primeros cuatro valores va a permitir mover el equipo en línea recta hacia adelante y atrás, además de que lo puede hacer mientras gira a la izquierda o hacia la derecha; el quinto valor se va a utilizar para darle la indicación al equipo si debe o no transmitir el video, esto con la finalidad de ahorrar energía en el momento que no se requiera el uso de este elemento.

La principal característica de las comunicaciones que se van a dar entre los dos equipos es que se realiza de manera asíncrona, porque no se sabe en qué momento se transmitirán datos de uno a otro, derivado de esto se requiere de hacer uso de otra herramienta de la programación que son los hilos (Threads). Un hilo es un proceso que se ejecuta de manera independiente al proceso principal de un programa, lo que permite tener parte del programa inactiva y en espera de datos sin necesidad de bloquear el programa principal hasta que le llegue la información para procesar. El programa del equipo tiene un hilo adicional al proceso principal que será el encargado de generar el canal de comunicación y esperar hasta que se conecte el cliente en el dispositivo y posteriormente esperar que llegue información para ser utilizada en el control del mismo equipo. Por otra parte, el dispositivo móvil contiene una clase que hereda propiedades de la clase AsyncTask para permitirle realizar actividades en procesos adicionales al principal, permitiendo mantener el control al usuario, quien continuamente podrá cambiar los valores de controles o incluso dar por terminadas las comunicaciones.

Funcionalidad del sistema

Inicialmente, el equipo mecatrónico está programado con una aplicación para la generación de una red inalámbrica, configurando un identificador y una contraseña para hacer uso de su sistema de comunicaciones. La red va a ser detectable por cualquier equipo con tarjeta de red inalámbrica wifi que se encuentre dentro del área de cobertura, pudiéndose conectar entre ellos sin ninguna restricción. En el momento en que el equipo reciba un mensaje de solicitud de conexión con la clave de acceso adecuada, iniciará el proceso de comunicación entre ambos equipos; esta configuración personalizable se requeire en caso de que se encuentren varios equipos del mismo tipo en la misma ubicación geográfica realizando diversas tareas o colaborando entre ellos, y cada uno tenga su propio dispositivo para control.

El programa principal del equipo es el encargado de generar el canal de comunicaciones hacia el dispositivo, tomar la lectura de los sensores, el video y el nivel de carga de la batería para enviar los datos al dispositivo; además de recibir la información necesaria para llevar a cabo el movimiento que requiera el usuario del sistema, por medio de la acción de los motores que se encuentran en sus ruedas, aplicando la sincronización requerida para que el movimiento sea el adecuado.

En primera instancia, el dispositivo móvil se va a conectar a la red inalámbrica del equipo mecatrónico; posteriormente se abre la aplicación para el control del robot. En la pantalla inicial se va a capturar el código de acceso necesario para iniciar las transmisiones, en caso de que el código no sea el adecuado, no se realizará la conexión hacia el equipo mecatrónico.

Una vez conectados los dos equipos con la clave de acceso adecuada, se dará inicio a las comunicaciones en ambas direcciones, para enviar información de los sensores y el video que sea captado por la cámara web desde el equipo al dispositivo y para enviar las instrucciones necesarias para iniciar el movimiento del sistema de tracción desde el dispositivo hacia el equipo.

RAFAEL GARRIDO ROSADO
SERGIO HERNÁNDEZ CORONA
JOSÉ ANTONIO APARICIO HERNÁNDEZ

En cuanto al diseño de la interfaz gráfica para el programa de control que contiene el dispositivo, se utiliza un control deslizable para el movimiento hacia adelante y atrás, siendo el punto medio el valor necesario para que el equipo se detenga; del mismo modo, se utiliza otro control deslizable para indicar los giros hacia la izquierda y derecha, siendo el punto medio el valor necesario para que el equipo no gire. Ambos controles no regresarán a su posición central al dejar de presionarlos, se deben mover de manera manual, esto se hace con la finalidad de que el usuario no deba tener los dedos colocados sobre la pantalla de su dispositivo móvil, todo el tiempo que el equipo mecatrónico se deba estar moviendo en la misma dirección. Otro elemento que se encuentra en la pantalla es un botón para activar o desactivar la captura y envío del video hacia el dispositivo; dos etiquetas para mostrar los valores de los sensores que tiene el equipo; un indicador para mostrar el nivel de la batería que tiene el equipo y un botón para apagar las transmisiones y salir de la aplicación.

Conclusiones

El diseño del presente prototipo sentará las bases para el desarrollo de futuras aplicaciones donde se requiera de un equipo electrónico o mecatrónico para realizar algunas actividades donde el ser humano no tenga acceso, ya sea por la ubicación del lugar o por las condiciones que se presenten y puedan poner en riesgo la integridad de una persona; estos equipos pueden ser terrestres, aéreos, acuáticos o anfibios.

Recomendaciones

Con el acelerado avance que presenta la tecnología en las ramas como las comunicaciones, la electrónica, la mecatrónica y los sistemas computacionales, es necesario continuar con las investigaciones para la mejora continua de los equipos y dispositivos que se generan hoy en día, con la posibilidad de agregarles algoritmos de Inteligencia Artificial para que algunas de las funciones se automaticen y se tengan robots con cierto grado de autonomía.

Referencias

Murphy Mark L.: Beginning Android, Apress, (2009).

Dimarzio Jerome: Android a programmer's guide, McGrawHill, (2008).

Lutz Mark, Ascher David: Learning python, O'Reilly, (1999).

Maclean Malcolm: Raspberry Pi: Measure, Record, Explore, consultado por internet el 10 de agosto de 2015, Dirección de internet: https://leanpub.com/RPiMRE/read

Myke Predko: 123 Experiments for the Evil Genius, McGraw Hill, (2003).

Martin Evans, Joshua Noble, Jordan Hochenbaum: Arduino in Action, Manning, (2013).

H.M. Deitel, P.J. Deitel, S.E. Santry: Advanced Java 2 Platform, How to Program, Prentice Hall, (2001).

Reto Meier: Professional Android Application Development, Wiley Publishing Inc., (2009)

Identificación de Direcciones MAC

Hernández Morales Oroncio A., Hernández Jiménez Francisco.

Instituto Tecnológico Superior de la Sierra Norte de Puebla

oroncioa@gmail.com,franherjim@hotmail.com

1. Resumen

Las redes de computadoras actualmente, se han convertido en una herramienta fundamental en las actividades que realizan, tanto las empresas, como, los usuarios; existe la necesidad de mantenerse siempre conectados en este mundo globalizado, para estar informados y poder intercambiar información en tiempo real. Analizar, diseñar e instalar una red, no es tarea fácil, depende mucho del tamaño de la red, es decir, de la cantidad de host y usuarios que la van a conformar. Conectar una red cuando el entorno de trabajo es sencillo, por ejemplo, en un cibercafé, donde, probablemente haya cinco máquinas, una impresora y un escáner, no suele ser una actividad muy complicada, basta con conectar estos elementos y la red debe de funcionar correctamente. Pero, cuando hay muchos usuarios, podemos hablar de cientos o miles, conectados por medio de cables o de forma inalámbrica, cada uno con su computadora personal de escritorio, computadora portátil y un teléfono inteligente, donde, probablemente quieran tener acceso al mismo servidor web de forma simultánea, es más complejo. Por lo tanto, es necesario conectar en red todos los elementos, de manera que los usuarios tengan acceso a los dispositivos de hardware, a la web y a los datos de la empresa, de forma rápida y eficiente.

Ésta práctica permite al lector encontrar el proceso de cómo identificar direcciones MAC en diferentes contextos, desarrolla la competencia que le permite en determinado momento identificar y solucionar algún problema de direccionamiento de capa 2, acorde al modelo de referencia de Interconexión de Sistemas abiertos (OSI), debido a que los dispositivos de red, necesitan conocer la dirección, para enviar las tramas de red a su destino final, y finalmente, aplicar el conocimiento adquirido en el área de redes y en su momento dar solución a diversas problemáticas que se presentan, en la creación, instalación y administración de una Red de Área Local.

RAFAEL GARRIDO ROSADO
SERGIO HERNÁNDEZ CORONA
JOSÉ ANTONIO APARICIO HERNÁNDEZ

Palabras claves: MAC, red, host, usuario, OSI.

Abstract

Computer networks currently, have become a fundamental tool in the activities carried out, both companies, and users; There is a need to stay connected in this globalized world, to be informed and to be able to exchange information in real time. Analyzing, designing and installing a network is not an easy task, it depends a lot on the size of the network, that is, on the number of hosts and users that will make it up. Connecting a network when the work environment is simple, for example, in a cybercafé, where there are probably five machines, a printer and a scanner, is not usually a very complicated activity, simply connect these elements and the network must work correctly. But, when there are many users, we can talk about hundreds or thousands, connected by means of cables or wirelessly, each with their personal desktop computer, laptop and a smartphone, where they probably want to have access to the same web server Simultaneously, it is more complex. Therefore, it is necessary to network all the elements, so that users have access to the hardware devices, the web and the company's data, quickly and efficiently.

This practice allows the reader to find the process of how to identify MAC addresses in different contexts, develops the competence that allows it at a certain moment to identify and solve some layer 2 addressing problem, according to the reference model of Open Systems Interconnection (OSI), because the network devices need to know the address, to send the network frames to their final destination, and finally, apply the knowledge acquired in the area of networks and in turn provide solutions to various problems that arise, in the creation, installation and administration of a Local Area Network.

Keywords: MAC, network, host, user, OSI.

2. Introducción

Sin lugar a duda las redes de computadoras, se han convertido en la herramienta principal que utiliza la gente para mantenerse comunicados, debido a que les permiten realizar diferentes tipos de actividades en línea, que les facilitan su quehacer diario, para ello, utilizan servicios como: el correo electrónico, banca en línea, computó en la nube, bibliotecas digitales, facturación en línea, sistemas de información geográfica, Google Docs, OneDrive, pago de servicios (TV, Luz, Telefonía), etc. Para poder hacer un uso óptimo de las redes, estás deben de estar operando de manera correcta, para ello los administradores de las redes, constantemente deben monitorear el enrutamiento a nivel de capa de red, a través del direccionamiento IP y el direccionamiento a nivel de capa dos, a través de las MAC's, para garantizar que tanto los paquetes, como las tramas alcanzan su destino, esto garantiza que los datos llegan al usuario final de manera correcta, de ahí la importancia de saber, cómo identificar las direcciones MAC, con la finalidad de poder resolver algún problema de direccionamiento, en la capa de enlace de datos del modelo OSI.

Desarrollo

Práctica. Identificación de direcciones MAC

Caracterización de la práctica

La tecnología de red LAN Ethernet utiliza la dirección de hardware, Control de Acceso al Medio (MAC), también, llamada dirección física o dura, para identificar cada puerto de un switch y la Tarjeta de Interfaz de Red (NIC) de una computadora en una red LAN y así, permitir la comunicación desde un dispositivo local, hasta otro dispositivo local, identificados en la red. Ethernet utiliza las direcciones MAC de 48 bits de longitud (6 bytes), expresadas como 12 dígitos hexadecimales, por ejemplo: **80-FA-5B-0C-BC-EF,** define al Identificador Único Organizacional (OUI), asignado por el Instituto de Ingenieros Eléctricos y Electrónica (IEEE) y el código del fabricante. La dirección está impresa en la Memoria de Solo Lectura (ROM) de la tarjeta de red y se copia a la Memoria de Acceso Aleatorio (RAM) del dispositivo en el momento en que se inicializa la Tarjeta de Interfaz de Red (NIC). La tarjeta de red, utiliza la MAC para identificar las tramas originadas en esa interfaz, para evaluar si la trama recibida debe ser enviada a las capas superiores o no. En una red con tecnología Ethernet, todos los nodos deben verificar el encabezado de la trama, para verificar si deben copiarla o no. Cabe mencionar que este tipo de direcciones son irrepetibles e irrecuperables, es decir, que no hay en el mundo una sola dirección MAC repetida y que cada vez que una Tarjeta de Interfaz de Red (NIC), se descompone o se desecha, ya no se puede volver a utilizar, por lo tanto, es importante reflexionar, en el sentido de que hay un desperdicio de las mismas, por el mismo hecho, y no se sabe cuántas están en desusó en el mundo.

Objetivo de la Práctica

Identificar las direcciones de Control de Acceso al Medio (MAC) en los dispositivos de red y PC's.

Metodología

El participante puede aplicar lo aprendido en situaciones que enfrentará en la práctica profesional, por lo que debe tener el conocimiento, la habilidad y destreza, de identificar las direcciones MAC que tienen los dispositivos de red y PC's, con la finalidad de poder resolver problemas de direccionamiento de capa dos.

Material a utilizar:

1) Computadoras.
2) Windows 7, 8, 10.
3) Routers.
4) Switch.

Desarrollo de la práctica o pasos a seguir

1. Identificar la MAC en un equipo con sistema operativo Windows.
Salir a la línea de comandos e ingresar:
C:\>ipconfig /all (Enter)

2. Identificar la MAC en un dispositivo switch.
Salir al CLI e ingresar:
Switch#show mac-address-table (Enter)

3. Identificar la MAC en un router para la interface fastethernet.
Salir al CLI e ingresar:
Router>enable (Enter)
Router#show interface fastethernet0/0 (Enter)

4. Como cambiar la dirección MAC en una interface fastethernet de un router. **Router#**configure terminal (Enter)
Router(config)#interface fastethernet0/0 (Enter)
Router(config-if)#mac-address **aaaa. aaaa.aaaa** (Enter a manera de ejemplo)
Router(config-if)#end

Producto a obtener de la Práctica

A través de la observación, un reporte de la práctica de las direcciones MAC, realizando un análisis de los datos citados.

Solución de la Práctica. Identificación de direcciones MAC

Procedimiento

1. Identificar la MAC en un equipo con sistema operativo Windows.
En primer lugar, localizamos el CMD (símbolo del sistema) de Windows e ingresamos el siguiente comando:
C:\>ipconfig /all (Enter)
Observamos con detenimiento la información arrojada por el comando y buscamos un texto que diga Adaptador de Ethernet:

Ahí encontramos la MAC y a manera de ejemplo, colocamos la siguiente:
Dirección física..............: **80-FA-5B-0C-BC-EF**

2. Identificar la MAC en un dispositivo switch.
Si estamos en modo gráfico, salimos al CLI e ingresamos el siguiente comando:
Switch#show versión
Base ethernet MAC Address: **00E0.8F2B.B87B**
Podemos observar la dirección MAC del dispositivo.
Switch#show mac-address-table (Enter)
Vlan Mac Address Type Ports
Arroja una tabla con los encabezados anteriores.

3. Identificar la MAC en un router, en la interface fastethernet.
Salimos al CLI e ingresamos el siguiente comando:
Router>enable (Enter)
Router#show interface fastethernet0/0 (Enter)
Muestra la siguiente MAC, de dicha interfaz:
Hardware is Lance, address is **00e0.8fdc.5816** (bia 00e0.8fdc.5816)

4. Como cambiar la dirección MAC en una interface fastethernet de un router. **Router**#configure terminal (Enter)
Router(config)#interface fastethernet0/0 (Enter)
Router(config-if)#mac-address **aaaa.aaaa.aaaa** (Enter, a manera de ejemplo ingresamos la MAC)
Router(config-if)#end
Verificamos que haya sido cambiada, aplicando el siguiente comando:
Router#show interface fastethernet0/0 (Enter)
Hardware is Lance, address is **aaaa.aaaa.aaaa** (bia 00e0.8fdc.5816)
En el resultado podemos observar, que ha sido modificada la dirección MAC.

3. Metodología

El desarrollo de la práctica está basado en la metodología tradicional secuencial.

Las etapas son las siguientes:

1) **Análisis de requerimientos**. Se identifican las necesidades a cubrir con el desarrollo del procedimiento.
2) **Diseño.** Se realiza la topología de la red a implementar.
3) **Implementación y puesta en marcha.** Se realiza el desarrollo de la práctica a detalle, con la finalidad de que el lector pueda seguir el procedimiento y alcance los resultados esperados.
4) **Pruebas.** Se realizan las pruebas básicas con la finalidad de obtener los resultados planteados.
5) **Documentación.** Al finalizar la práctica se obtendrá un documento donde se pueden observar y analizar los resultados.

4. Resultados y discusión

Los resultados obtenidos al aplicar el procedimiento de la práctica fueron los esperados, acorde al planteamiento para la identificación de direcciones MAC. En la parte de análisis se identificaron los dispositivos de los cuales se obtendrían las direcciones físicas. En seguida se realizó el diseño general del procedimiento a seguir en cada dispositivo. En el siguiente apartado, se detalló paso a paso la solución a la práctica planteada, obteniendo la información correcta de acuerdo a los comandos utilizados. Se realizaron diferentes pruebas que permitieron obtener información clara y objetiva, al momento de ingresar los comandos en cada interface de red, así como, en el entorno del sistema operativo.

5. Agradecimiento

Se agradece al ITSSNP por el apoyo brindado.

6. Conclusiones

Ésta práctica permitió al lector encontrar el proceso de cómo identificar direcciones MAC en diferentes dispositivos de red, desarrolló la habilidad que le permite en determinado momento solucionar algún problema de direccionamiento de capa 2, acorde al modelo de referencia de Interconexión de Sistemas abiertos (OSI). En este apartado no se consideró la identificación de direcciones MAC en entornos Linux y Unix, por lo que se podría considerar, como una oportunidad de mejora para éste tema y trabajo.

7. Referencias

Academia de networking de Cisco System. 2004. Guía del primer año. Tercera edición. Editorial Pearson, 1016 páginas.

Academia de networking de Cisco System. 2004. Guía del segundo año. Tercera edición. Editorial Pearson, 994 páginas.

Academia de networking de Cisco System. 2004. Prácticas de laboratorio CCNA 3 y 4. Tercera edición. Editorial Pearson, 327 páginas.

Herrera, Pérez, Enrique, 2004. Tecnología y redes de transmisión de datos. Primera edición Editorial Limusa S.A. de C.V., 312 páginas.

S. Tanenbaum. Andrew., 2003. Redes de computadoras. Cuarta Edición. Editorial Mc Graw Hill, 914 páginas.

Stalling, William., 2004. Comunicaciones y redes de computadores. Séptima Edición. Editorial Pearson Educación, 904 páginas.

Raya, José Luis., Raya Cristina. 2000. Redes locales. Alfaomega/ra-ma. Ra-Ma Computec.

Intervención de huertos biointensivos familiares, hacia una autosuficiencia alimentaria, en la comunidad de Camotepec, Piedras Encimadas, Zacatlán, Puebla.

Alvarez Heintz Layli Sara, Delgado Bermúdez Adán Jonay

laylisara@hotmail.com.ajonaydelgadobermudez@gmail.com

Resumen

En la actualidad el ser humano y el medio ambiente se encuentran enfrentando un gran problema, la agricultura basada en la producción de alimentos con agroquímicos, buscando el tener una mayor producción en menor tiempo, envenenado los suelos, aguas, y matando a los seres vivos; siendo este un sistema de producción agresivo con el medio ambiente y con la salud del ser humano. Como una respuesta ante dichos problemas, surgen las Ecotecnologías de Huertos Biointensivos Familiares, los cuales se establecen como una meta importante, representando una forma de lograr el abastesimiento y diversificación de sus propios alimentos, sanamente y sin contaminar al medio ambiente y a las personas. Estos huertos biointensivos familiares generan beneficios sociales, economicos y ambientales ya que estan basados en principios agroecologicos y metodologías participativas que son herramientas que buscan la participación activa de la sociedad en la transformación de su entorno inmedianto, facilitando su participación en el diseño y mejora de la producción agricola, orientados hacia la soberania/autosuficiencia alimentaria, ocacionando una integracion familiar y comunitaria, logrando de esta manera la reducción en los gastos en la canasta basica y un aumento en la nutrición alimentaria de las familias. Igualmente con dichos huertos se reducen las emisiones de CO_2 a la atmosfera y por lo tanto contribuyen a la lucha en contra del cambio climatico. El presente trabajo de investigación se centra en la reflexion y toma de conciencia de los plobadores, utilizando la metodología de Investigación Acción Participativa (IAP), pues constituye pensamiento critico, permite el empoderamiento y la construcción de soberanía-autosuficiencia ayudando en la transformación de los grupos marginados. Por este motivo los huertos biointensivos familiares se implementaran en la comunidad y en la escuela primaria Miguel Hidalgo de Camotepec, Piedras

RAFAEL GARRIDO ROSADO
SERGIO HERNÁNDEZ CORONA
JOSÉ ANTONIO APARICIO HERNÁNDEZ

Encimadas, Zacatlán, Puebla., donde se encuentran enfrentando un problema crítico de contaminación ambiental y un índice alto de pobreza y de marginación social.

Palabras clave

Palabras clave: Ecotecnologías, Huertos Biointensivos Familiares, Agroecología, Metodologia de Investigación Accion Participativa, Soberanía-Autosuficiencia Alimentaria, Comunidad, Medio ambiente, Marginación Social.

Abstract

Currently the human being and the environment are facing a big problem, agriculture based on the production of food with agrochemicals, seeking to have more production in less time, poisoning the soil, water, and killing living beings; This being a system of aggressive production with the environment and with the health of the human being. As a response to these problems, Ecotechnologies of Family Biointensive Gardens emerge, which are established as an important goal, representing a way to achieve the supply and diversification of their own food, healthy and without contaminating the environment and people. These family biointensive gardens generate social, economic and environmental benefits since they are based on agroecological principles and participatory methodologies that are tools that seek the active participation of society in the transformation of their immediate environment, facilitating their participation in the design and improvement of the agricultural production, oriented towards sovereignty / food self-sufficiency, creating a family and community integration, thus achieving a reduction in spending on the basic food basket and an increase in food nutrition for families. Likewise, these gardens reduce CO2 emissions to the atmosphere and therefore contribute to the fight against climate change. The present research work focuses on the reflection and awareness of the plunderers, using the methodology of Participatory Action Research (IAP), because it constitutes critical thinking, allows empowerment and the construction of sovereignty-self-sufficiency helping in the transformation of marginalized groups. For this reason the biointensive family gardens will be implemented in the community and in Miguel Hidalgo de Camotepec, Piedras Encimadas, Zacatlán, Puebla. Where they are facing a critical problem of environmental pollution and a high rate of poverty and social marginalization.

Keywords

Ecotechnologies, Biointensive Family Gardens, Agroecology, Research Methodology Participatory Action, Sovereignty-Food Self-sufficiency, Community, Environment, Social Marginalization.

Introducción

En la actualidad el ser humano y el medio ambiente se encuentran enfrentando un gran problema, la agricultura basada en la producción de alimentos con agroquímicos, buscando el tener una mayor producción en menor tiempo, envenenado los suelos, aguas, y matando a los seres vivos; siendo este un sistema de producción agresivo con el medio ambiente y con la salud del ser humano (FERMAT ET.AL, 2012). Como una respuesta ante dichos problemas, surgen las Ecotecnologías de Huertos Biointensivos Familiares, los cuales se establecen como una meta importante, representando una forma de lograr el abastesimiento y diversificación de sus propios alimentos, sanamente y sin contaminar al medio ambiente y a las personas (MARTÍNEZ, 1994). Estos huertos biointensivos familiares generan beneficios sociales, economicos y ambientales ya que estan basados en principios agroecologicos y metodologías comunitarias de investigación participativa agroecologica, que son herramientas que buscan la participación activa de la sociedad favoreciendo la creación de resiliencia, individual y colectiva, mediante la generación de propuestas pro positivas e integradoras, que aporten soluciones reales y visibles para mejorar y transformar nuestro entorno inmedianto, desde una perspectiva holistica (JIMÉNEZ ET.AL, 2013). Facilitando su participación en el diseño y mejora de la producción agricola, orientados hacia la soberania/autosuficiencia alimentaria, ocacionando una integracion familiar y comunitaria, logrando de esta manera la reducción en los gastos en la canasta basica y un aumento en la nutrición alimentaria de las familias (FAO, 2005). Igualmente dichos huertos ayudan a restaurar suelos degradados y aumentar la biodiversidad microbiana, faunistica y floristica endemica de la región, consiguiendo que se reduzcan las emisiones de CO_2 a la atmosfera, por lo tanto contribuyen a la lucha en contra del cambio climatico (DREWS, 2002). El presente trabajo de investigación se centra en la reflexion y toma de conciencia de los plobadores, utilizando la Metodología de Investigación Acción Participativa Agroecologica (IAP), pues constituye pensamiento critico, permite el empoderamiento y la construcción de soberanía-autosuficiencia ayudando en la transformación de los grupos marginados, fomentando el trabajo colaborativo y la creación de redes de apoyo e intercambio de experiencias (ALTIERI, 1997). Por este

Rafael Garrido Rosado
Sergio Hernández Corona
José Antonio Aparicio Hernández

motivo los huertos biointensivos familiares se implementaran en la comunidad y en la escuela primaria Miguel Hidalgo de Camotepec, Piedras Encimadas, Zacatlán, Puebla., donde se encuentran enfrentando un problema crítico de contaminación ambiental y un índice alto de pobreza y de marginación social.

El huerto biointensivo tiene sus orígenes en el grupo Ecology Action, de John Jeavons, en California, Estados Unidos, hace más de 30 años (JEAVONS, 1995). Es un sistema de producción basado en la utilización de insumos locales, sin maquinaria ni fertilizantes o insecticidas comerciales, para evitar daños al ambiente o a la salud de la gente y los ecosistemas (CASANOVA ET.AL, 1995). Este método requiere el esfuerzo humano y herramientas sencillas como el bieldo, el rastrillo, la pala. Los insumos se basan en la composta, abonos verdes, estiércoles y residuos de plantas, y aprovecha las cualidades de ciertas plantas para repeler algunas plagas de los cultivos (JEAVONS, 2002). Con este método es posible obtener mayores rendimientos que con la forma tradicional de cultivo, además de que se enriquece paulatina y sostenidamente el suelo (MARTÍNEZ, 2002).

Durante la vida de este Proyecto de Investigación se inicio con un equipo compuesto por dos investigadores-docentes que se dedicaron a establecer enlace entre Comunidad y el Proyecto, y se encargaron de coordinar las actividades en la escuela y la comunidad; posteriermente se fueron integrando en el apoyo en algunas sesiones en la comunidad cuatro promotores ambientales (dos mujeres estudiantes de la carrera en Ing. en Innovación Agricola Sustentable del Instituo Superior de la Sierra Norte de Puebla (ITSSNP)), un Chef y una Ing. en Industrias Alimentarias. Tambien se formó una Red de Promotoras y Promotores Ambientales en la comunidad con los niños, niñas, adolescentes, maestros y padres de familia que participan tambien como coordinadores en el proyecto. Así mismo se han capacitado 20 maestras y maestros en uso y manejo didáctico de huertos en las escuelas, con manejo agroecologico y metodologia de investigación accion participativa, donde se promueve el uso de las hortalizas, plantas medicinales y otros productos del huerto en la merienda escolar y, así, motivar a las niñas, niños y adolescentes a consumir alimentos saludables, contrivuyendo a su nutrición y salud, a la sustentabilidad ambiental y a la economia familiar.

Por otra parte en este estudio se contruyeron dos huertos biointensivos escolares en la escuela primaria de camotepec, y 20 huertos biointensivos familiares en las casas de los padres y madres de camotepec. Anteriormente a la contruccidon de los huertos se realizaron previas actividades necesarias para la produccion agroecologica. En primer lugar se recopilaron los manuales de huertos biointensivos para escoger el que mas se acoplara a la situacion de la comunidad, utilizando el manual de Huertos Biointensivos Familiares, de Bosque de Niebla, Las Cañadas, Huatusco, Veracruz; puesto que este sitio tiene las condiciones climatologicas muy parecidas a las de Zacatlán (CENTRO AGROEOCOLÓGICO Y PERMACULTURA LAS CAÑADAS, 2006). En segundo lugar, se realizaron sesiones implementando la IAP, para la capacitacion en huertos biointensivos familiares a los alumnos, maestros, padres y madres de familia a los huertos familiares, a traves de presentaciones, videos, tripticos, manuales, actividades dinamicas grupales y practicas en campo. En tercer lugar se contruyeron los huertos biointensivos familiares y se capacito a la comunidad en la metodologia comunitaria de investigación accion participativa agroecologica, en aspectos realcionados con la aplicación de otras Ecotecnologías como la contrucción de un mini invernadero elaborado a base de Pet, biocontruccion, captadores de agua de lluvia y niebla, implementacion de humedales para tratamiento de aguas residuales, abonos orgánicos, etc. En cuarto lugar, se dio un seguimiento a los huertos biointensivos familiares para seguir aportando e intercambiando conocimientos en cuestiones de manejo agroecologico, producción orgánica, manejo ecologico de plagas y enfermedades, fertilización orgánica, asociación y rotación de cultivos, procesamiento y concervación de alimentos y nutricion integral en la canasta basica (JEAVONS, 1994). En quinto lugar se llevo a cabo la evaluacion de los huertos familiares y encuestas de aceptacion de estos por parte de la comunidad. Y por ultimo se realizo entrega de los Diplomas del Diplomado de "Huertos Biointensivos Familiares, hacia una autosuficiencia alimentaria" a las promotoras y pormotores ambientales de la comunidad que proseguiran con la formación de otros pobladores en su comunidad y otras comunidades, generando una transferencia de saberes.

Metodología

El Trabajo Comunitario desde la Investigación Acción Participativa en Agroecología

Las metodologías participativas son herramientas que buscan la participación activa de la sociedad en la transformación de su entorno inmediato (JIMENÉZ ET.AL, 2013). En el contexto de la agroecología existen numerosas metodologías encaminadas a empoderar tanto a productores como a consumidores, construyendo su soberanía ayudando en la transformación de los grupos marginados, facilitando su participación en el diseño y mejora de la producción agrícola (SOLIZ ET.AL, 2013). Estas herramientas pueden ser dinamizadas por técnicos, formadores, agentes de desarrollo rural y agricultores. Pueden ser utilizadas para la investigación y diagnóstico, así como para la generación de propuestas que generen sinergias entre agricultores y consumidores, a partir de dinámicas que favorezcan el liderazgo, dando protagonismo a aquellas voces que suelen pasar desapercibidas, pero que juegan un papel esencial en la construcción de la soberanía/autosuficiencia alimentaria (FAO, 2005). Las metodologías participativas ocupan un lugar esencial en la elaboración de proyectos de regeneración social basados en la responsabilidad compartida, son también un conjunto amplio de herramientas de innovación educativa (SOLIZ ET.AL, 2013).

Entendemos como participación como una construcción colectiva que no solo se limita a ser consultados, si no que articula: planificación de propuestas, gestión de recursos, ejecución de actividades y evaluación de proyectos construidos desde, por, y para las comunidades.

Una de las metodologías que mejor ha conseguido comprender y trabajar los procesos participativos es sin duda la de Investigación Acción Participativa (IAP) en el ámbito agroecológico, siendo esta una disciplina o un modo de interpretar y proponer alternativas integrales y sustentables en la realidad agrícola, respetando las interacciones que se dan entre los agroecosisemas, tomando en cuentas las condiciones sociales de distribución y comercialización de alimentos pues constituye pensamiento crítico donde se analizan todo tipo de procesos agrarios en un sentido amplio, donde los ciclos minerales, las transformaciones de energía, lo proceso biológicos y las relaciones socio-económicas son investigadas y analizadas como un todo (ALTIERI, 1998).

La investigación y acción participativa se caracteriza por su postura de investigar para conocer más sobre los procesos que determinan los problemas, integrando las realidades, necesidades, aspiraciones y creencias de los beneficiarios, integrando a estos como investigadores en sí, logrando así la participación real de las comunidades implicadas en todos los pasos de inestigacon-reflexion-accion. **En definitiva, podemos decir que se busca conocer para comprender y comprender para transformar.**

La participación ocupa así el centro del proceso de investigación, poniendo en valor, ante todo, el conocimiento del campesino.

Fases en IAP:

1. **La observación participante:** el investigador se zambulle en la realidad del proyecto a través de entrevistas, historias de vida, aspectos agroecológicos/visitas a las fincas, etc. Y en conjunto se identifica la problemática actual ambiental, social y económica.

2. **La investigación participativa:** durante esta fase se lleva a cabo el diagnostico participativo a través de la comprensión de los agentes que afectan al proyecto, la búsqueda de interrelaciones y sinergias, relacionandolas con el conocimiento, vivencias y experiencias de los participantes en el proceso, buscando captar lo que es conocido por todos y cada uno, pero que no está ordenado, en base a la lógica y a la intuición comunitaria. En este primer paso se trata de un diagnóstico de la situación actual, partiendo de la práctica completa,

pero desde los sentidos. No significa quedarse en las apariencias, debemos acercarnos a la esencia de la realidad y esa práctica. Es ir descubriendo las necesidades reales que existen. Así, la solución del problema que se estudia en este primer momento, se consigue a través de la articulación de la lógica y la intuición en varias formas de solución del problema, en un verdadero dialogo de saberes.

3. La acción participativa: tras recorrer el conocimiento las vivencias y experiencias, se le da fundamentación teórica para analizar los resultados del diagnóstico realizado. Este momento consisten en la investigación documental para concretar alternativas de solución a los problemas identificados. Busca lo conocido por otros, pero ya ordenado. Empezamos a teorizar a partir de la práctica concreta y sentida. Teorizar es un ir y venir, entre nuestra práctica y nuestro pensamiento. Se teoriza a partir de la práctica y sobre la práctica, logrando nuevos niveles de comprensión de la realidad y de la práctica. Esta fase se centra en la creación de redes de trabajo, conjunto entre grupos sociales con similares intereses como pueden ser agricultores, consumidores, técnicos, maestros, estudiantes, etc. Estas acciones pretenden generar sinergias mediante la puesta en marcha de acciones conjuntas, optimizar el aprovechamiento de los recursos disponibles, movilizar los recursos económicos, facilitar el intercambio de información, apoyar iniciativas, y servir de foros de debate.

4. La práctica propositiva: es la elaboración de una propuesta para mejorar la situación inicial detectada en el nivel práctico de los concreto y sentido. El conocimiento no es un fin, es un medio para impulsar la trasformación, esta trasformación significa una nueva manera para hacer las cosas. Volver a la práctica significa volver a la posibilidad transformadora; para mejorar nuestra acción (lo por conocer).

En este método de conocer y actuar según Fals Borda (2008), cuando se aplica tiene resultados múltiples.

• Genera conocimientos que corresponden a los intereses de transformación de las clases empobrecidas.

- Crea ciencia popular y, consecuentemente, fortalece la lucha popular.
- Conduce la transformación social real.
- Es un instrumento de educación popular para aumentar el poder de lucha y negociación de los sectores populares.

Finalmente es necesario incorporar un componente imprescindible en todo proceso de investigación-acción: **la actitud de fondo por parte del investigador-promotor; se trata del compromiso con los intereses populares, no con su necesidad de transformar la sociedad desde los intereses académicos, si no de los de la clase con los que se trabaja buscando obtener mayores oposiciones de empoderamiento tanto en lo ideológico como económico y político. Para ellos es fundamental que el elemento externo, el investigador popular, reduzca su papel directivo a través de la consolidación de una organización fuerte, autogestiva y autónoma.**

5. **La evaluación:** es de especial interés evaluar los resultados de las acciones llevadas a cabo a través, por ejemplo, del seguimiento de los indicadores propuestos (por ejemplo autosuficiencia alimentaria generada, porcentaje de marginación social reducida, porcentaje de reducción de la desnutrición, porcentaje de productos vendidos en canales cortos de comercialización, porcentaje de suelos restaurados, gente de la comunidad implicada, etc.) esta fase permite valorar el proceso en si, como generar información continua para reconducirlo en caso necesario.

Diseño metodológico:

ETAPA 1. LA OBSERVACIÓN PARTICIPANTE

En esta primera etapa que se realizó en 4 sesiones (solo días hábiles escolares) todos los martes con una duración de 6 horas, dando inicio en el mes de enero del 2016, se generó una reflexión y toma de conciencia de los procesos educativos sobre el medio ambiente, derechos y deberes, responsabilidad e igualdad de oportunidades

Rafael Garrido Rosado
Sergio Hernández Corona
José Antonio Aparicio Hernández

entre hombres y mujeres, ayudándonos a tener una nueva visión de sí mismos, de los compañeros y de la comunidad.

ETAPA 2. LA INVESTIGACIÓN PARTICIPATIVA

En esta segunda etapa con una duración de 8 sesiones, se expuso a la comunidad de Camotepec y a la escuela Primaria Miguel Hidalgo, la idea del proyecto de huertos biointensivos familiares, explicando los beneficios sociales, ambientales y económicos, y así logrando que la comunidad tenga una soberanía y autosuficiencia alimentaria. Realizando dinámicas grupales para la integración, reflexión y autogestión comunitaria participativa de los pobladores dentro del proyecto.

ETAPA 3. LA ACCIÓN PARTICIPATIVA

En esta etapa de investigación documental se teoriza a partir de la práctica y sobre la práctica, logrando nuevos niveles de comprensión de la realidad y de la práctica, dando inicio con la formación de alumnos de primaria, profesores, padres y madres de familia, estudiantes y productores, a través del "Curso de Formación de Promotores y Promotoras en Agricultura Sustentable", en 18 sesiones.

Pensando en dar una formación integral de este grupo de promotores y promotoras se compartieron conocimientos de agricultura ecológica, orgánica, sinérgica, agroecológica, elaboración de abonos orgánicos como las compostas, manejo de plagas y enfermedades ecológicamente, asociación y rotación de cultivos, etc. y se desarrolló un proceso de equidad que ampliara la mente de estos promotores y promotoras, para encontrar un equilibrio en las relaciones de hombres y mujeres más justas y con iguales oportunidades.

ETAPA 4. LA PRÁCTICA PROPOSITIVA

En la práctica propositiva se inició con la revisión de la Guía Metodológica Comunitarias Participativas con Iniciativas

Agroecológicas "Camotepec", también se llevó la Revisión de los 7 Manuales y los 14 Talleres-Prácticos en las 40 sesiones de esta etapa:

Manuales:

1. Guía de Metodología Comunitaria Participativa.
2. Manual de Metodologías Participativas para Iniciativas Agroecológicas.
3. Manual de Huertos Biointensivos Familiares de las Cañadas-Bosque de Niebla.
4. Manual de Elaboración de Abonos Orgánicos (Compostas, Lombricomposta, Lixiviados, Biofertilizantes y Plaguicidas Orgánicos).
5. Manual de Plantas Medicinales (Farmacia Orgánica, Jardines Benéficos, Manejo Ecológico de Plagas).
6. Manual de Preparación de Comida Tradicional y/o Prehispánica.
7. Manual de Manejo Integral de los Residuos Sólidos Urbanos.

Talleres-Practicos:

1. Integración y Autoconocimiento comunitarias con dinámicas grupales.
2. Manejo Integral de los Residuos Sólidos Urbanos (RSU's).
3. Elaboración de Composta de una tonelada en la escuela primaria.
4. Manejo del suelo: Elaboración de Curvas de Nivel y de Terrazas.
5. Elaboración de Camas Biointensivos familiares.
6. Elaboración de Abonos Orgánicos (Compostas, Bocashi, Lombricompostas, Biofertilizantes y ME Microorganismos Eficientes).
7. Siembra en Almácigos, Siembra Directa.
8. Trasplante, Siembra Cercana, Asociación de cultivos, Rotación de cultivos.
9. Instalación del Sistema de riego con Captadores de agua de Lluvia y de niebla.

10. Creación del Banco de Semillas de la comunidad, realizando la recolección de semillas.
11. Elaboración de comida tradicional y prehispánica.
12. Conservación y Procesamiento de Alimentos.
13. Instalación de humedal para manejo de las aguas residuales.
14. Instalación de Micro túnel elaborado con Pet de 3x6mts – 18m2., para producción de su propia plántula.

En esta etapa de acción-practica se fueron revizando y aplicando en conjunto los manuales y talleres prácticos, donde en el 1er Taller de Integración y Autoconocimiento Comunitarias, se inicia con la reflexión y toma de conciencia de la situación actual de su comunidad, realizando una propuesta para mejorar la situación actual detectada a través de la acción con actividades y dinámicas grupales de autoentendimiento, reflexión y acción, tomando en cuenta en la propuesta el mapa de las acciones participativas agroecológicas que se pueden realizar para mejorar la situación actual, el mapa con el árbol de compromisos, deberes, responsabilidades y derechos que tienen y se comprometen cada uno de ellos a cumplir y respetar para un beneficio social, ambiental y económico.

Se prosiguió con el 2do, 3er y 6to Taller-Curso del Manejo Integral de los Residuos Sólidos, y de esta forma aprender a reducir, reutilizar y reciclar todos sus desechos. También se realizó el taller de elaboración de abonos orgánicos, enfocándonos en la elaboración de una tonelada de composta con los residuos orgánicos de la cooperativa y de esta forma se obtenga mayor comprensión de los residuos sólidos y la obtención de fertilizante orgánico que nutre sanamente a las hortalizas, reciclando los desperdicios orgánicos.

Se continuó con el 4to Taller-Practico de Manejo de suelos y elaboración de curvas de Nivel, para retención de la materia orgánica, aumento de esta y de la biodiversidad en el suelo.

El 5to Taller-Practico asistieron a una sesión, los estudiantes de la carrera en Ing. en Innovación Agricola Sustentable para apoyar y aprender la construcción de dos Huertos Biointensivos en la Escuela

Primaria, para la producción de hortalizas y plantas medicinales diversificadas en poco espacio de manera organica, para autoconsumo en la cooperativa de la escuela primaria Miguel Hidalgo, Camotepec. Y la intalacion de 20 Huertos biointensivos familiares en 20 casas de los padres y madres de familia con mayor alto grado de marginación social (Julio 2017 a Julio del 2018).

El 7mo y 8vo Taller-Practico fue la siembra en almácigos para transplante, siembra directa en las camas biointensivas, para la producción diversificada de cada planta y trasplante, Siembra Cercana, Asociación de cultivos, Rotación de cultivos apoyando una promotora ambiental de la carrera en Ing. en Innovación Agricola Sustentable.

El 9no Taller-Practico se enfoco en la instalación de riego con captadores de agua de lluvia y niebla, utilizando material reciclado malla sombre, pvc, botellas de pet para las canaletas, troncos de madera, un rotoplas usado y manguera negra para agua y asi distribuirla por las camas. Todo el material obtenido dentro de la misma comunidad y dos promotoras ambientales de la carrera en Ing. en Innovación Agrícola Sustentable.

El 10mo Taller-Practico implementado en la comunidad fue la Creación del Banco de Semillas de la comunidad, realizando un área para la siembra de hortalizas para semillas, sembrando todas las variedades para obtener semillas, recolectarlas y clasificarlas.

El 11vo y 12vo Taller-Practico se enfoco en la Elaboración de comida tradicional y prehispánica y el taller de Conservación y procesamiento de alimentos, donde asistieron un Chef y una Ing. en Industrias Alimentarias que capacitaron a la comunidad, para lograr el tener mejor concervados y que duren mas los alimentos y también la venta de estos productos y asi obtener un beneficio extra económico.

El 13vo taller se enfoco en el manejo de sus aguas residuales con la Instalación de humedal con filtros de grava, arena, carbón, etc y plantas que limpian el agua como la cola de caballo, los lirios, verdolagas, etc., para que no se siguieran virtiendo sus aguas a los rios. Y el poder utilizar esas aguas en riego de frutales, áreas verdes o limpieza de áreas comunes.

Y por ultimo se implemento el 14vo Cruso-Taller-Practico de Instalación de Mini Invernadero Comunitario, echo a base de Pet de 3x6mts – 18m²., para producción de su propia plántula y hortalizas que no resistan heladas y sean de zonas mas calientes, instalado con ayuda de tres investigadores-docentes Ingenieros Industriales y dos estudiantes de las carreras en Ing. Industrial y un estudiante de Ing. en Innovación Agricola Sustentable, en una de las casas de los padres de familia con mayor marginación social.

Y por ultimo se realizó la entrega del Diplomado de Huertos Biointensivos Familiares, hacia una autosuficiencia alimentaria (enero de 2017 a junio de 2018) a los 20 padres y madres de familia que se graduaron de Promotores Ambientales.

ETAPA 5. LA EVALUACIÓN

Se visitaron a los participantes para la verificación de los huertos (Figura 1) y resolver dudas o comentarios sobre la producción agrícola que lleven a cabo, y la implementación de las ecotecnologías, así como el seguimiento del mismo. El monitoreo de evolución son elementos esenciales para brindar un flujo de retroalimentación sistemática de información, que a su vez permite hacer los ajustes adecuados y de manera continua durante la implementación. Esto, permite que las lecciones de la experiencia especialmente de los proyectos de demostración, sean capturadas y sintetizadas, lo que da una base más firme. Esta etapa incluye proceso de largo plazo, para cambiar la forma en que se hacen las cosas, construir nuevos temas y procesos participativos en procedimientos, normas e ideas de actores locales en instituciones privadas y públicas.

Figura 1: Huerto Biointensivo Familiar, casa de pobladores de Camotepec, Piedras Encimadas, Zacatlán, Puebla.

Resultados y Discusión

Se realizó el cálculo de aceptación o rechado de la intervención de los huertos biointensivos familiares, hacia una autosuficiencia alimentaria dentro de la comunidad, mediante un diseño de experimentos el cual nos dio como resultado una F calculada de 11.65 la cual se graficó mediante una curva de gauss (Figura 2) para comprobar las hipótesis planteada, dándonos como resultado que se encuentra en el área de rechazo lo cual quiere decir, que con un nivel de significancia del 95% existe evidencia significativa para rechazar la hipótesis nula en donde se hace mención que no será posible lograr el abastecimiento de sus propios alimentos, medianto los huertos biointensivos y se acepta la hipótesis alternativa, en donde se hace mención que si será posible lograr el abastecimiento de sus propios alimentos, mediante huertos biointensivos generando beneficios ambientales, económicos y sociales, ver la Tabla 1:

RAFAEL GARRIDO ROSADO
SERGIO HERNÁNDEZ CORONA
JOSÉ ANTONIO APARICIO HERNÁNDEZ

Fuente	GL	SC	CM	F	P
Factor	23	170.887	7.43	11.65	0
Error	1896	1209.463	0.638		

Tabla 1: ANOVA- Análisis de Varianza

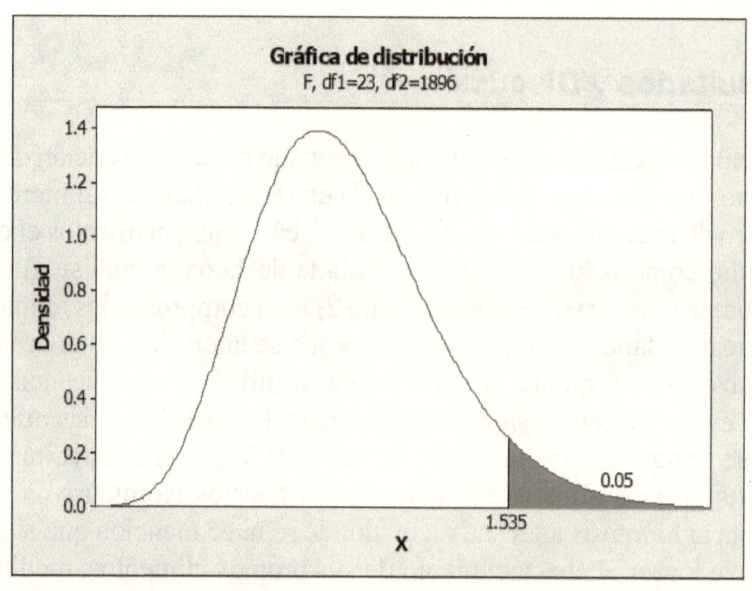

Figura 2: Curva de Gauss de distribución F

Identificación de Impacto ambiental, Economico y Social

➢ **Impactos ambientales.**

1. Reducción de la contaminación del suelo y del agua, principalmente por la nula utilización de agroquímicos (venenos).

2. Reciclaje de residuos orgánicos para la realización de abonos orgánicos (Compostas, biofertilizantes y lombricompostas) y residuos solidos, reduciendo generación de estos, aumentando el resuso y reciclaje, reduciendo el vertido de residuos a rios y suelos y quema de basura.

3. Aumento de la vida microbiana en el suelo, ocasionando una mejora considerable de este, implementado el manejo agroecológico. Incorporando un área productiva de 800 m2 dentro la comunidad de Camotepec.

4. Disminución considerable de emisiones de CO2 al ambiente, por la casi nula intervención de maquinaria en el suelo.

5. Reducción de utilización de agua potable en el riego de cultivos, por la captación de agua de lluvia y niebla.

6. Manejo de Aguas Residuales que se viertes a los ríos, con la implementación de humedales y utilización de esa agua para riego de frutales.

7. Producción de una gran variedad de especiesde hortalizas y medicinales, utilizadas para su alimentación sana y en la prevención de enfermedades, reduciendo gastos en medicinas. Dentro de las especies medicinales se encontró algunas plantas nativas que pueden ser explotadas para la prevención de enfermedades como el cáncer y la diabetes.

8. Incremento de áreas cultivadas. Los 22 huertos biointensivos con áreas comprendidas entre 75 m^2 a 150 m^2, durante el año del 2017 de manejo en el cultivo biointensivo han logrado el incorporar un área productiva de 800 m^2 dentro la comunidad de Camotepec.

➢ **Impactos económicos.**

1. Reducción de la inversión familiar de la canasta básica.

2. Venta de los sobrantes de hortalizas, semillas orgánicas, plantas medicinales, de conservas y preparados, venta de aceites esenciales y guisos tradicionales de la región, venta de residuos separados como cartón, plástico, metal, aluminio, papel, vidrio, la venta de Abonos Orgánicos como compostas, lombricompostas, biofertilizantes, etc y Plaguicidas y Funcgicidas Orgáncios.

3. Las hortalizas que presentaron una mayor rentabilidad debido a su alta productividad por m2 de área cultivada de 800m^2 fueron: Kale (USD 23.8), zanahoria de colores (USD 15.80), pepinillo (USD 7.28), nabo chino (USD 4.46), col repollo (USD 2.97), col morada (USD 2.46) cebolla larga (USD 2.5) y rábano (USD 2.15).

4. Impulsa un comercio local-incentivando la realización de un mercado local orgánico.

5. Aumento de especies cultivadas con gran potencial nutricional de mayor aceptación en la dieta de los participantes fueron: Kale verde y rojo (coles), lechugas, coliflor, col china, zanahorias de colores, nabos, rábano, rábano negro, repollo, camote, cilantro, frijol, soya, pepinillo, tomate riñón, uchuva, ayocote, chícharo, haba y pimiento.

6. Ayuda a enfrentar el encarecimiento de los alimentos, realizando competencia con transnacionales.

7. Reducción de gastos en servicios público por la implementación de Ecotecnologías como en el ahorro de agua potable con la captación de agua de lluvia y niebla, en el alcantarillado por la implementación de humedales de manejo de aguas residuales, y en la construcción de invernaderos y microtuneles con la utilización del residuo solido urbano de Pet.

8. En cuanto al **Análisis Costo–Beneficio (C/B):** la relación costo/beneficio se tomó en cuenta solamente el costo de inversión por mano de obra invertida mensualmente, los costos de herramientas e insumos no se toman en cuenta debido a ser donados por parte del Proyecto de huertos biointensivos familiares (ITSSNP) y por la comunidad. El análisis de ingresos–egresos fue de $75.71, la relación beneficio fue de $22.20, indicando que por cada peso gastado se genera $22.20 pesos, ósea, un ahorro de $11.20 por cada peso.

➢ **Impactos sociales.**

1. Implementación de Ecotecnologias como una alternativa productiva que mejorara la situación alimentaria y social de las familias beneficiarias.

2. Mejora de la salud con la alimentación libre de químicos, con la diversificación y aumento en su nutrición diaria y a través de la utilización de plantas medicinales y al hacer los ejercicios del trabajo en huertos.

3. Rescate de una cultura productiva orgánica característica de los pueblos indígenas campesinos y buenas prácticas agroecológicas.

4. Participación e integración familiar y comunitaria, desarrollo de experiencias de integración equitativa entre generos, disminuyendo el machismo y generando empoderamiento de las mujeres, respeto, equidad, socialización, cooperación y participación de las familias en relación directa con la

RAFAEL GARRIDO ROSADO
SERGIO HERNÁNDEZ CORONA
JOSÉ ANTONIO APARICIO HERNÁNDEZ

comunidad, permitiendo el acercamiento de niños, niñas, adolecentes, maestros y maestras, padres y madres de familia y agricultores de la comunidad, al trabajo del huerto.

Agradecimiento

Los autores Layli Sara Alvarez Heintz y Adán Jonay Delgado Bermúdez agradecemos a la Comunidad de Camotepec, a los maestros y estudiantes de la escuela primaria Miguel Hidalgo, a los padres y madres promotoras y promotores de la comunidad; Virginia Amador Ortega, Letícia Amador Ortega, Fatima Garrido Hernández, Columba Días Luna, Letícia Garrido Méndez, Cecilia Vázquez Martínez, Maribel Luna Lopez, Susana Hernández Aguirre, Fidel Garrido Hernández, Fabian Garrido Martínez y Ferriolo Cruz Rodríguez, a los voluntarios Fidela Vázquez Martínez y Eder Thadeo Velázquez Márquez por el grato intercambio de saberes y hermosas experiencias vividas, a los estudiantes de las carreras de Ing. Industrial y Ing. en Innovación Agricola Sustentable del Instituto Tecnologico Superior de la Sierra Norte de Puebla, como a las promotoras ambientales Alma Cristina González Garrido y Rosa Posadas Pineda, participado y aportado conocimientos, herramientas y aprendizajes en la comunidad para el desarrollo de la presente investigación.

Conclusiones

La implementación de los huertos biointensivos familiares con la aplicación de la metodología de investigación acción participativa agroecológica nos ha ayudado a contruir herramientas y métodos para identificar, recoger y organizar la información y de esta forma compartirlas dentro y fuera de la comunidad. Alcanzando la construcción de diagnosticos y estrategias participativas, permitiendo explicar de mejor manera los efectos de las intervenciones foráneas, diseñando y compartirndo las etrategias de resiliencia, consiguiendo que la misma comunidad siembren su autonomía, sus fortalezas, alentando a mas personas a ser parte activa de los procesos de transformación.

Los principales beneficios mencionados por las familias participantes, fueron: Consumo de alimentos sanos y nutritivos; Fortalecimiento organizacional, individual y grupal; Mejoramiento en integración y bienestar familiar; Capacitación permanente en diferentes áreas; Mejoramiento notorio ambiental, económico y social.

Referencias

1. Altieri, M. 1998. Agroecología: bases científicas de la agricultura sustentable. Westview Press.

2. Altieri, M. 1997. Enfoque Agroecológico para el Desarrollo de Sistemas de Producción Sostenibles en los Andes. ed. CIED. Lima-Perú. 92 p.

3. CASANOVA, SAVON. (1995). Producción biointensiva de hortalizas. Rev. Agricultura Orgánica. Año 1, No. 3, pp. 13-19. En: Pérez Tania (1998). Consideraciones acerca de la utilización de cultivos múltiples en la producción de hortalizas. Consultado en: [http://www.isch.edu.cu/biblioteca/anuario/ciencias_agropecuarias.htm] (Consulta: 15/03/2005).

4. CENTRO AGROECOLOGICO Y DE PERMACULTURA LAS CAÑADAS (2006). Producción de hortalizas Orgánicas, Manual de cultivo Biointensivo de alimentos. Las cañadas Bosque de Niebla. Veracruz, Mexico.

5. DREWS, C. (2002). Valor de la Biodiversidad, Presentación Microsoft PPT, Materia: Biología de la Conservación, Curso MAST – OET, Parque Nacional Palo Verde, Costa Rica.

6. FAO. (2005) Seguridad alimentaria y Veintinueve Relatos de Estudios de Caso, en Enseñanzas de los Proyectos Orgánicos Certificados y No Certificados en los Países en Vías de Desarrollo. En: [http://www.fao.org/DOCREP/005/Y4137S/y4137s0o.htm] (Consulta: 16/07/2005).

7. FERMAT, C. Y SALAZAR, R. (2012). Escases de Alimentos: Problema Mundial. El economista. https://www.eleconomista.com.mx/opinion/Escasez-de-alimentos-problema-mundial-20120907-0002.html

8. JEAVONS, J., B. BRUNEAU (1994). Investigando en el Huerto. Mini Serie de Auto enseñanza No. 17, Ed. en Español. ECOPOL México DF. México

9. JEAVONS, J. (1995). ECOLOGY ACTION (1995). Una Perspectiva para el Futuro. Concepto de Sustentabilidad. Boletín informativo. Ecology Action, Willits, EEUU. 38. JEAVONS, J., J. M. GRIFFIT (1996). Examinando los Trópicos un Enfoque en Pequeña Escala para la Agricultura Sostenible. Mini Serie de Auto enseñanza No. 11. Ed. en Español. ECOPOL México DF. México.

10. JEAVONS, J. (2002). Cultivo biointensivo de alimentos: más alimentos en menos espacio. Traducido por Castillejos W. Ed en español: Martínez J. M. Ecology Action of the Mid Peninsula, Willits, CA. USA.

11. JIMENEZ, A. ET.AL. (2013). MANUAL DE METODOLOGÍAS PARTICIPATIVAS PARA INICIATIVAS AGROCOLÓGICAS. EDICIONE ECOHERENTES, México.

12. MARTINEZ, J. (1994). Huertos Familiares. Temas de Salud Rural y Planificación Familiar, AMIDEM, IMSS, Programa Menos y Mejores, México DF., México.

13. MARTÍNEZ, J. M. (2002). El Método Biointensivo de Cultivo. ECOPOL AC. México DF. México.

14. SOLIZ, F. Y MALDONADO, A. (2013). GUÍA METODOLOGÍAS COMUNITARIAS PARTICIPATIVAS. Clinica Ambiental, México.

Evaluación del riesgo de incendio forestal en el ejido Cruz de Ocote, Ixtacamaxtitlán, Puebla.

Silvia Rojas Garzón, *Felipe Neri Hernández Soto,
Juana Cruz González, Emanuel Mora Castañeda.

Instituto Tecnológico Superior de la Sierra Norte de Puebla. Av. José Luis Martínez Vázquez, No. 2000, Jicolapa, Zacatlán, Puebla, 73310, *Tecnológico de Estudios Superiores de Valle de Bravo, Km 30 de la Carretera Federal Monumento - Valle de Bravo, Ejido de San Antonio de la Laguna, Valle de Bravo C.P. 51200

silviagarzon9@gmail.com, feneheso@gmail.com, ingjuanita2210@gmail.com, emc.vir@gmail.com

---

Resumen

La valoración del riesgo en los incendios forestales es fundamental para la elaboración de políticas y estrategias que permitan prevenir y mitigar los efectos de los incendios forestales, esta investigación tuvo la finalidad detectar y ubicar las áreas prioritarias de protección en el ejido Cruz de Ocote, Ixtacamaxtitlán, Puebla, a través de un análisis multi-criterio se calificaron y ponderaron diversas variables, para esto se utilizó ArcMap 10.3, se generaron y homogeneizaron las variables que determinan el grado de riesgo, peligro y daño potencial a incendios. A cada variable se le asignó una puntuación de acuerdo a la opinión de expertos que integraron el grupo de trabajo (Peligro, 25%; Riesgo, 25%; y Daño potencial 50%). En el análisis de riesgo, se utilizaron criterios de cercanía de poblados, caminos y actividades agropecuarias, para análisis de peligro, se usaron modelos de combustibles, carga de combustibles, a partir inventario de combustibles forestales mediante intersecciones planares descrita por Brown (1974), se calculó la pendiente y orientación de la misma. En el caso del análisis de daño potencial, se utilizaron criterios como sensibilidad al fuego, elementos de conservación y uso actual del suelo.

Los resultados señalan que en el 57.5% de la superficie del ejido existe riesgo alto de presentarse un incendio, en el 5.7 % del ejido existe peligro alto, mientras que en el 81.6% de la superficie ejidal existe la posibilidad de un daño potencial alto, se identificaron áreas de mayor relevancia y se muestran las áreas con mayor prioridad de manejo y/o protección, en base a esto, se establecieron estrategias

Rafael Garrido Rosado
Sergio Hernández Corona
José Antonio Aparicio Hernández

para disminuir la carga de combustibles y prevenir la presencia de incendios forestales en terrenos ejidales.

Palabras clave

Sistema de información geográfica, incendio forestal, daño, peligro y riesgo.

Abstract

The assessment of risk in fires is fundamental for the development of policies and strategies for the prevention and effects of fires, research and priority protection areas in the ejido Cruz de Ocote, Ixtacamaxtitlán, Puebla, Through a differentiated analysis through the weighted grading of several variables, it is a geographic information system for information efforts to integrate the variables that determine the degree of risk, danger and potential damage to fires. A variable was assigned to score according to the opinion of the work group, each variable was rated and weighted (Hazard, 25%, Risk, 25%, and Potential damage 50%). In the risk analysis, the criteria of proximity of villages, roads and agricultural activities were used, for the analysis of danger, fuel models were used, fuels loading, from inventory of fuels derived from planar intersections described by Brown (1974), the slope and the orientation of the same were calculated. In the case of the analysis of the potential damage, the criteria of sensitivity to fire, elements of conservation and current use of the soil are used.

The results indicated that in 57.5% of the surface of the ejido there is a risk of fire, in 5.7% of the ejido there is a high risk, while in 81.6% of the surface there is the possibility of high potential damage, they are identified areas of greater importance and were delimited in a map, which shows the areas with the highest priority of management and / or protection, based on this, strategies have been established to reduce the fuel load and prevent the presence of forest fires in land ejidales

Keywords

Geographical information system, forest fire, damage, danger and risk.

Introducción

En los bosques de coníferas los incendios forestales se consideran el factor de disturbio que más influye en su dinámica, por ello es necesario investigar y prevenir los incendios. En muchos países, un objetivo importante del control del fuego es reducir los impactos negativos que causan al bosque, para mantener las propiedades y valores ecológicos (Merlin et al. 2008).

Afortunadamente en los bosques de coníferas el fuego no quema árboles enteros como ocurre en los bosques del tipo mediterráneo, donde encuentran un sotobosque que se inflama fácilmente. En efecto, los fuegos de la cubierta vegetal no afectan más que a los pinos jóvenes de menos de 5 a 6 metros de altura. Sin embargo, los incendios tienen otras consecuencias funestas, como son la degradación de los suelos, el debilitamiento de los árboles que quedan en pie y la destrucción del microclima fresco y húmedo. Parece, sin embargo, que cinco años de protección integral contra el fuego es suficiente en general para que se instale un renuevo de pinos jóvenes y de otras especies arbustivas o herbáceas (Sánchez & Huguet, 1959).

Existen varias comunidades o ecosistemas adaptados al fuego y numerosos ejemplos en los cuales el fuego ha sido un factor ecológico en el establecimiento de los bosques de coníferas, desarrollando adaptaciones como el grosor y consistencia de la corteza y el estímulo de la germinación de sus semillas sometidas a altas temperaturas. Entre otras podemos citar para *Pinus patula, Pinus teocote, Pinus leiophilla* y *Pinus michoacana* así como algunas especies de *Quercus* (Anaya, 1989).

Algunos bosques requieren tratamientos a base de fuego con intervalos regulares mientras que otros, solamente los requieren una vez en su ciclo de vida con propósito de regeneración (Anaya, 1989).

Puede considerarse que el efecto directo que tiene el fuego en un ecosistema, es la conversión de parte o toda la materia orgánica (biomasa) y residuos de cenizas inorgánicas y productos de combustión. La cantidad de materia orgánica que sea convertida en material inorgánico dependerá de la duración y la intensidad del incendio, que a su vez es función del complejo de combustibles, el tiempo atmosférico y la topografía. Las variaciones en esos tres componentes implican diferencias en el comportamiento y magnitud del impacto en la comunidad biótica (Sánchez et al., 1997).

El combustible forestal está constituido por materiales leñosos y ligeros, vivos o muertos. El material leñoso lo constituyen las ramillas muertas, ramas, tallos y troncos de los árboles y arbustos que han caído y que se encuentran en o sobre la superficie del suelo. El material ligero u hojarasca, comprende aquellos materiales que se acumulan por caída natural de los diferentes estratos vegetales, y sus principales componentes son hojas y humus (Estrada & Ángeles, 2007).

Conforme el combustible es más pequeño, tiene a arder más fácilmente debido a que cada unidad de volumen tendrá una mayor superficie de contacto con las llamas, lo que le hará perder más rápidamente la humedad y alcanzar más pronto la temperatura a la que pueda arder (Chandler et al. 1983).

Los efectos del fuego, varían enormemente de acuerdo a la época del año, la cantidad, condición y distribución del combustible, las condiciones climáticas prevalecientes, la duración e intensidad del fuego debido a la acumulación de residuos vegetales y de plantas, el declive, aspecto y elevación del terreno, el tipo de vegetación que en algún momento del año se hacen combustibles y suelo (Sánchez, et al., 1997).

Los incendios pueden ser divididos en tres tipos principales (Sánchez, et al, 1997):

- Incendios subterráneos. Se desarrollan sin llama, y arden lentamente a lo largo de una superficie espesa por la acumulación de materia orgánica. Este tipo de incendios son nombrados como "agentes retrogresivos", no sólo de ralees, tubérculos y rizomas, sino que también de la materia orgánica del suelo, afectando a las comunidades de organismos que forman la cadena simbiótica del piso forestal. Son muy difíciles de extinguir. Los incendios subterráneos tienden a ser los más destructivos por el hecho de que consumen todas las raíces, con lo cual generalmente se impide la germinación a partir de órganos subterráneos. Este tipo de incendios puede matar muchos árboles de esta manera, mientras los troncos y copas permanecen intactas.

- Incendios superficiales. Se expanden rápidamente consumiendo desechos y porciones sobre la superficie del terreno de hierbas y arbustos. En este tipo de incendios el fuego superficial generalmente es de menor intensidad calorífica que el de copas tiene un movimiento rápido; se presenta en el dosel inferior del bosque y como consecuencia de él, los conos pueden ser gastados, la corteza superficial es quemada, las plantas de semilla de bajo porte y los retoños sobrevivientes son resecados. Los árboles maduros pueden ser dañados en su base y su follaje se deshidrata.

- Incendios de copa o corona. Resultan de las tormentas eléctricas o incendios superficiales en áreas con combustibles de continuidad vertical. Los árboles arden a lo largo de las copas de la vegetación leñosa, frecuentemente dejando la mayoría de los troncos y el suelo del bosque relativamente intactos. Este tipo de fuego es desastroso y consume a los árboles maduros al extenderse por las ramas.

Existen varias técnicas para el desarrollo de planes de prevención de incendios, una de estas se basa en la delimitación de las zonas cuyas características naturales son favorables para la presentación de siniestros. Esta demarcación comprende factores topográficos, de clima, de vegetación, de material combustible muerto, vías de acceso y las actividades que se realizan dentro y fuera del bosque. De esta forma, al analizar una serie de criterios como la cantidad de combustible forestales, parámetros climáticos como la temperatura y la humedad relativa, rasgos topográficos, así como la influencia de las actividades humanas y asignarles un valor de importancia sobre el

RAFAEL GARRIDO ROSADO
SERGIO HERNÁNDEZ CORONA
JOSÉ ANTONIO APARICIO HERNÁNDEZ

peligro, se puede obtener indicadores, de gran utilidad para identificar áreas susceptibles de incendios forestales (Estrada & Ángeles, 2007).

Es por ello que el objetivo de este trabajo de investigación fue identificar las áreas más susceptibles a la presencia de un incendio forestal de acuerdo a las características físicas y biológicas del Ejido Cruz de Ocote, a través de un análisis multi-criterio de las áreas con mayor riesgo, peligro y daño potencial para generar estrategias de manejo de combustibles forestales e impulsar la importancia de detectar estas zonas de riesgo.

Metodología

Descripción del área de estudio

La investigación se desarrolló en el ejido Cruz de Ocote, del municipio Ixtacamaxtitlán, Puebla. La superficie total del ejido es de 1175.91278 ha, de las cuales 786.8811 ha, están destinadas a la producción forestal y bajo manejo forestal. El clima que prevalece en la región donde se ubica este ejido, es del tipo: C (wl) (w), que se describe como templado subhúmedo con lluvias en verano (INEGI, 2014). La temperatura media anual es de 12 °C, y se caracteriza porque presenta una sequía intraestival en medio del verano; (w) corresponde a una caracterización de un porcentaje de lluvia invernal menor de 5 % del total anual. El 50 % de la superficie arbolada del predio presenta una topografía accidentada con una pendiente media del terreno del 65% y en el 40% restante presenta topografía ondulada con una pendiente media del 30% (Luna, 2014)

La especie arbórea principal por su cobertura y dominancia es el *Pinus patula,* en una parte del predio donde la fisiografía es de cañadas con una exposición dominante hacia el noroeste (Luna, 2014). Mientras que en zonas de ladera con exposición sur, la especie de pino que domina es *Pinus pseudostrobus* asociada con vegetación considerada como no comercial por la abundancia de árboles de genero *Quercus sp.* En cuanto a la vegetación arbustiva que predomina en el suelo forestal se encuentran *Arbustus sp.* (Madroño); así como renuevo de encino y de la especie de *Baccharis sp.* (Escoba) y en la herbácea las especies que predominan son *Senecio sp.* (Jarilla), *Mulembhergia sp.* (Zacatón) y *Gnaphalium americanum* (gordolobo).

Diseño de muestreo

Para la elaboración del estudio se tomó en cuenta la selección de áreas forestales con características homogéneas (rodales) que están considerados dentro del plan de cortas del Programa de Manejo Forestal del ejido. La ubicación de los sitios de muestreo se determinó mediante el software ArcMap 10.3; donde se ubicó un sitio de muestreo de manera aleatoria por cada rodal, sin embargo, cuando existían dos o más tratamientos silvícolas dentro del rodal se consideró un sitio por tratamiento silvícola y en cuanto las áreas afectadas anteriormente por incendios, se ubicó un sitio por cada rodal para determinar el comportamiento que tuvo después del siniestro dándonos un total de 55 líneas de muestreo.

Para llevar a cabo el inventario de combustibles se seleccionó el método propuesto por el "Manual de mejores prácticas de manejo forestal para la conservación de la biodiversidad" y para estimar la carga de combustible se utilizó la técnica de intersecciones planares, descrita por Brown (1974) y adaptada por Sánchez y Zerecero (1983). Esta técnica consiste en la ubicación de una línea de 20 m de longitud con dirección al norte. Las partículas leñosas intersectadas por la línea cuya clase diamétrica es de 0.1 a 2.5 cm de diámetro se registra en el primer metro de la línea, las partículas con clase diamétrica de 2.6 a 7.5 cm, se midieron a lo largo de los primeros 4 m de longitud de la línea y finalmente con diámetros mayores de 7.5 cm se midieron en la totalidad de la línea **(Figura 1)**. Los datos registrados fueron el número de intersecciones por categoría diamétrica y el diámetro de las partículas.

RAFAEL GARRIDO ROSADO
SERGIO HERNÁNDEZ CORONA
JOSÉ ANTONIO APARICIO HERNÁNDEZ

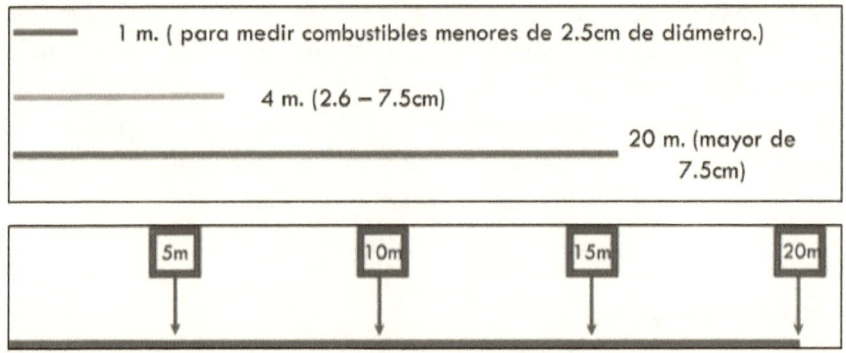

**Figura 1. Diseño de la línea de muestreo para el
inventario de combustibles forestales y ubicación de los
cuadros de 30 x 30 cm de recolecta de hojarasca.**

Para valorar la hojarasca acumulada se establecieron cuatro cuadros de 30 x 30 cm de manera sistemática a lo largo de la línea de muestreo a los 5, 10, 15 y 20 m. Donde se recolectó solo la hojarasca que se encontró dentro ese cuadro y posteriormente se llevó a la estufa de secado con la finalidad de estimar el peso húmedo y peso seco por unidad de superficie reportado como peso total en toneladas por hectárea. Al mismo tiempo de la recolecta de la hojarasca se midió la profundidad de la capa de fermentación.

Procesamiento de las muestras

La recolecta de muestras de campo de los cuadrantes de 30 x 30 se llevaron al laboratorio de Anatomía de la Madera del ITSSNP. Donde las muestras se colocaron dentro de bolsas de papel kraft, registrando con anterioridad el peso de dicha bolsa para luego descartar ese peso. Las bolsas se sellaron y etiquetaron con la clave de la muestra para mantener un registro controlado y conocer la procedencia de los datos. Se registró el peso húmedo de las muestras con ayuda de una báscula digital gramera, e inmediatamente se colocaron dentro de la estufa de secado durante 72 horas, para posteriormente registrar los datos del peso seco de cada uno de ellos.

Los datos recabados del inventario de combustibles se capturaron y se procesaron para conocer la carga de combustible por rodal y conjugar estos resultados con las características físicas, biológicas y sociales del ejido y determinar las áreas con mayor riesgo, peligro y daño potencial a incendios forestales.

Para determinar esta clasificación se utilizó la técnica de evaluación multi-criterio consistente en la calificación ponderada de diversas variables. Para el análisis de riesgo se evaluó la cercanía de poblados, infraestructura de caminos y las actividades agropecuarias; para el análisis de peligro se tomaron en cuenta el modelo de combustibles, la carga de combustibles, la pendiente y la orientación; mientras que para el análisis de daño potencial se utilizaron las variables de sensibilidad al fuego, elementos de conservación y uso actual del suelo, a los cuales se les asignó una calificación **(Figura 2)** de acuerdo con Contreras (2009)

Variable	Calificación	Criterio especifico	Calificación del criterio
⮞ Análisis de riesgo	25	- Cercanía de poblados	8
		- Infraestructura de caminos	8
		- Actividades agropecuarias	9
⮞ Análisis de peligro	25	- Modelo de combustibles	6
		- Carga de combustibles	8
		- Pendiente	6
		- Orientación de la pendiente	5
⮞ Análisis de daño potencial	50	- Sensibilidad al fuego	20
		- Elementos de conservación	20
		- Uso del suelo del área	10
Total	100		100

Figura 2. Matriz para la cuantificación de variables y criterios en la determinación de áreas prioritarias de protección.

El proceso de análisis se realizó con ayuda de la herramienta de análisis multi-criterio del Software ArcMap 10.3, para presentar de manera gráfica los resultados.

RAFAEL GARRIDO ROSADO
SERGIO HERNÁNDEZ CORONA
JOSÉ ANTONIO APARICIO HERNÁNDEZ

Resultados y discusión

Para el análisis de riesgo a incendio forestal se obtuvieron los siguientes resultados: riesgo alto lo equivalente a 675.95 ha (57.5%), riesgo medio, 455.82 ha y riesgo bajo, 44.24 ha. Lo que se atribuye a la cercanía de poblados y a la extensa red de caminos dentro del ejido.

En tanto al análisis de peligro de incendio, se obtuvieron, superficies predominantes en un rango medio con 587.46 ha, seguido de los valores bajos con 520.95 ha y valores altos en 67.61 ha (5.7 %). Esto debido a que, si bien, la pendiente del terreno supera el 30% en promedio, la carga de combustibles que se presenta en cada uno de los sitios evaluados, obtuvo un promedio de 18.37 ton/ha de combustible como resultado del inventario realizado, lo que es relativamente bajo, ya que no existe gran cantidad de combustible disponible para un incendio.

Por otra parte, en el análisis de daño potencial, los niveles predominantes fueron los altos, reflejándose en 959.16 ha (81.6%) de las 1175.9127 ha totales del núcleo agrario, seguido de los valores medios con 210.08 ha y los bajos con 6.77 ha. Lo anterior, debido que el tipo de vegetación del ejido es predominantemente bosque de Pino-Encino, que, si bien es adaptable al fuego, el daño que causan los incendios es mayor, por lo que debe protegido ya que de igual manera el uso actual del suelo predominante es la de producción forestal.

Finalmente, conjugando los tres análisis anteriores en un análisis general, se obtienen las áreas prioritarias para el manejo del fuego en el ejido, donde se obtiene que 918.8950 ha se encuentra en un nivel alto de para el manejo del fuego lo que representa un 78% de la superficie total del ejido. Mientras que en el nivel medio se encuentra en las zonas cercanas a los poblados. Con los resultados, se generaron estrategias para el manejo del fuego y prevención de incendios forestales en las que se incluye realizar quemas prescritas en rodales con mayor carga de combustible, realizar talleres de capacitación para el manejo del fuego y colocación de letreros alusivos a la prevención de los incendios forestales.

Agradecimientos

Los autores agradecen al despacho Silvícola Ocote Real y al ejido Cruz de Ocote por permitirnos realizar la elaboración de este trabajo y al Instituto Tecnológico Superior de la Sierra Norte de Puebla por las facilidades que otorgaron para conclusión de este proyecto.

Conclusiones

El uso de herramientas análisis multi-criterio de los sistemas de información geográfica nos permiten analizar y evaluar las áreas deseadas con mayor precisión a través de procedimientos que toman en cuenta una mayor cantidad de variables que intervienen en un determinado fenómeno por lo que se consideran una buena opción para este tipo de estudios ya que además del presente trabajo existen antecedentes que lo respaldan.

Con ello, se determina que en el Ejido Cruz de Ocote se deben tomar medidas preventivas para evitar un incendio forestal ya que son susceptibles este tipo de siniestros, en la mayor parte de su superficie por la pendiente y exposición que presenta.

Referencias

Anaya, C. (1989). El fuego en la regeneración natural del bosque de Pinus – Quercus en la Sierra de Manantlan, Jalisco. Universidad de Guadalajara, México.

Chandler, C., Cheney P., Thomas, L. Trabaud., & Williams, D. (1983). Fire in forestry Vol. II: Forest fire management adn organization. John Wiley and Sons. New York.

Contreras R. (2009). Estudio de inventario de combustible y generación de información base para el programa de manejo integrado de fuego en los Chimalapas. Comisión Nacional de Áreas Naturales Protegidas.

Estrada, I., & Ángeles, C. (2007). Evaluación de combustibles forestales en el Parque Nacional "El Chico", Hidalgo. Ecología y biodiversidad, claves de prevención. (PDF Portable Document Format). Disponible en: www.fire. unifreiburg.de/contributions/doc/SESIONES_TEMATICAS/ST3/Estrada_ Angeles_SPAIN_Zaragoza.pdf.

INEGI (2014). Sistemas de Información Geográfica. Instituto Nacional de Estadísticas y Geografía.

Luna G. (2013). Programa de manejo forestal de nivel avanzado, para el aprovechamiento de recursos forestales maderables de tipo persistente, para un tercer ciclo de corta en el Ejido "Cruz de Ocote", del municipio de Ixtacamaxtitlán, Puebla. Silvícola Ocote Real S.C. de R.L. de C.V. / Secretaria de Medio Ambiente y Recursos Naturales. Chignahuapan, Puebla.

Merlin, E., Renteria, J., López, J., & Monárrez, J. (2008). Criterios para evaluar combustibles en áreas forestales. INIFAP.

Sánchez, D. & López F. (1997). Ecología del Fuego. División de Ciencias Forestales de la Universidad Autónoma Chapingo. Chapingo, México.

Sánchez, N. & Huguet, L. (1959.). Las coníferas de México. Unasylva, Revista internacional de silvicultura e industrias forestales.

Tablas de volumen de *Pinus patula* Schl. *et* Cham., para una plantación en Cruztitla, Zacatlán, Puebla.

Luna González Ana María, Martínez Barenas
Roberto, Mora Castañeda Emanuel, Luna González
Guillermo Melardo y Sánchez Méndez Ricardo.

Instituto Tecnológico Superior de la Sierra Norte de Puebla. Av. José Luis Martínez Vázquez No. 2000, Col. Jicolapa, Zacatlán, Puebla. (lunaglez01@gmail.com, forestalrmb@gmail.com).

Resumen

El objetivo de este estudio fue elaborar dos tablas de volumen para la especie *Pinus patula* Schl. *et* Cham., para una plantación forestal comercial, establecida en Cruztitla, Zacatlán, Puebla. Se utilizaron treinta árboles con las mejores características fenotípicas como muestra, incluyendo todas las categorías de diámetro y altura. Se utilizó el programa estadístico Statistical Analysis System (SAS) versión 9.0 para correr catorce modelos de volumen. Para juzgar la bondad de ajuste de las ecuaciones de volumen se utilizaron los supuestos básicos de la regresión, el análisis gráfico de los residuales y la facilidad de aplicación. El modelo que presento el mejor ajuste para estimar el volumen fustal con corteza fue el Logarítmico de Korsun (R^2=0.992, CME= 0.00052) y el modelo de Thornber (R^2 = 0.987, CME = 0.0005) para estimar el volumen fustal sin corteza, mismos que se utilizaron para la elaboración de las tablas de volumen. La validación se realizó con una muestra de 100 árboles, mediante análisis de varianza y correlación se demostró que no existen diferencias significativas entre el volumen real con el volumen estimado por los modelos, además que ambos volúmenes están altamente correlacionados, es evidente entonces que los modelos seleccionados estiman correctamente el volumen fustal con y sin corteza de *Pinus patula* Schl. *et* Cham.

Con el presente estudio se generó información técnica que ayuda a estimar el volumen fustal de árboles en pie con facilidad y mayor precisión, lo que permite establecer un esquema de manejo forestal adecuado para la plantación estudiada.

Rafael Garrido Rosado
Sergio Hernández Corona
José Antonio Aparicio Hernández

Palabras clave: Volumen, modelos, validación.

Abstract

The objective of this study was to develop two volume tables for the species *Pinus patula* Schl. *et* Cham., for a commercial forest plantation, established in Cruztitla, Zacatlán, Puebla. Thirty trees with the best phenotypic characteristics were used as sample, including all the diameter and height categories. The statistical program Statistical Analysis System (SAS) version 9.0 was used to run fourteen volume models. To judge the goodness of fit of the volume equations we used the basic assumptions of the regression, the graphical analysis of the residuals and the ease of application. The model that presented the best fit to estimate the fusional volume with bark was the Korsun Logarithmic ($R^2 = 0.992$, CME = 0.00052) and the Thornber model ($R^2 = 0.987$, CME = 0.0005) to estimate the shoot volume without cortex, same ones that were used for the elaboration of the volume tables. The validation was performed with a sample of 100 trees, by analysis of variance and correlation it was shown that there are no significant differences between the real volume and the volume estimated by the models, besides that both volumes are highly correlated, it is evident then that the models selected correctly estimate the fusional volume with and without bark of *Pinus patula* Schl. *et* Cham.

With the present study, technical information was generated that helps to estimate the volume of tree trunks standing up easily and with greater precision, which allows to establish an adequate forest management scheme for the plantation studied.

Keywords: Volume, models, validation.

Introducción

El establecimiento de plantaciones forestales comerciales (PFC), favorece la conservación de especies que han sido severamente explotadas. Es una alternativa para recuperar terrenos degradados, disminuir las tasas de erosión y asegurar el abastecimiento a la industria (Muñoz-Flores et al., 2011). La transformación de la vegetación natural hacia plantaciones forestales de especies de rápido crecimiento, se ha convertido en una actividad emergente a nivel global (Baldi et al., 2008). El género *Pinus* ha sido utilizado para implementar PFC, por el rápido crecimiento que algunas de sus especies han presentado. Una de las especies más representativas de este género es *Pinus patula* Schiede ex Schltdl. *et* Cham., por ser el pino mexicano más plantado dentro y fuera de México (Wormald, 1975; Wright et al., 1995; Dvorak et al., 2000; citado por Salaya-Domínguez et al., 2012).

En la Sierra Norte de Puebla recientemente los silvicultores de la región han seleccionado esta especie para el establecimiento de PFC por el alto rendimiento que esta representa.

La evaluación de los recursos maderables ha sido indispensable en el desarrollo de los planes de manejo, así como en los programas de aprovechamiento forestal (Salas-Meza et al., 2003). Un parámetro interesante en los inventarios forestales es el volumen de madera de fuste de la masa arbórea (Velasco-Bautista et al., 2007). Por lo que la estimación de existencias volumétricas ha sido una práctica comúnmente utilizada por los técnicos forestales (Salas-Meza et al., 2003). Para hacer dichas estimaciones se proponen las tablas de volumen ya que tienen el propósito de proporcionar una tabulación que exprese el "contenido medio" de árboles en pie de diversos tamaños y especies (Avery, 1967). El uso de las tablas de volumen puede ser una herramienta para establecer un manejo más adecuado, mejor control de los aprovechamientos maderables y el monitoreo de plantaciones, con lo cual se garantiza un manejo sustentable del recurso forestal (Tenorio-Galindo, 2003).

Según Philip (1994), para su construcción es necesario realizar mediciones de volúmenes de árboles seleccionados en una muestra representativa de la población, posteriormente establecer relaciones entre las mediciones tomadas en los árboles y sus volúmenes, generalmente usando técnicas de análisis de regresión para elegir el mejor modelo. Su validación garantiza la confianza de utilizarlas para la cubicación del arbolado en pie (Armendáriz-Olivas *et al*., 2003).

Considerando que a la fecha son pocos los reportes que se tienen de investigaciones realizadas en PFC de *Pinus patula* en la Sierra Norte de Puebla, surge la necesidad de generar información sobre tablas de volumen para las plantaciones de esta región. El presente estudio tuvo como objetivo, realizar dos tablas de volumen fustal una con corteza y otra sin corteza para la especie *Pinus patula* Schl. *et* Cham., en una plantación establecida en la Comunidad de Santiago Tepeixco, Sección Cruztitla, municipio de Zacatlán, Puebla.

Metodología

Descripción del área de estudio

El área de estudio se ubica dentro de la provincia de la Sierra Madre Oriental y subprovincia del Carzo Huasteco, forma parte del Sistema Montañoso conocido como Sierra Norte de Puebla, ubicado dentro de la región hidrológica número 27 Río Tuxpan-Nautla, en la cuenca Río Tecolutla y la subcuenca del Río Laxaxalpan (Instituto Nacional de Estadística Geografía [INEGI], 2000). Específicamente el área de estudio se ubica en el predio particular "Parcela 125 Z-1 P 1/1", propiedad del C. José Javier Padilla Cruz, localizado en la Comunidad "Santiago Tepeixco", Sección Cruztitla, a 19.56 km de la ciudad de Zacatlán, Puebla, entre las coordenadas geográficas 20°2'37.01" a 20°2'43.85" de latitud norte y 97°56'57.10" a 20° 97°56'39.18" de longitud oeste. El predio cuenta con una superficie de 10.67 hectáreas. Presenta altitudes que van de 1723.5 a los 1948.3 m.s.n.m., una pendiente media de 49.17 %, con exposiciones norte y noroeste principalmente. El suelo que existente es cambisol eutrico

(INEGI, 2000). De acuerdo con las estaciones meteorológicas más cercanas al área de estudio, la temperatura media anual es de 16.26 °C y la precipitación media anual es de 1850 mm distribuida en todo el año. Se reporta un clima templado húmedo, con lluvias todo el año (García-De Miranda, 1981).

Descripción de la plantación

La PFC tiene una edad promedio de 16.5 años, hasta el año 2017 fecha en que se realizó el presente estudio, la primera forestación se estableció en el año de 1998, con plántulas de *Pinus patula* Schl. *et* Cham. Se utilizó un espaciamiento promedio de 2.5 m por 2.5 m, es decir, 1,600 plantas por hectárea, con este espaciamiento el tamaño máximo de claro plantado fue de 6.25 m^2. La técnica utilizada en la plantación fue la de cepa común, para lo cual se abrieron las cepas con dimensiones de 30 x 30 x 40 cm. El trazo se hizo de forma perpendicular a la pendiente y bajo el diseño conocido como al tresbolillo (Silvícola Ocote Real, 2011).

Muestreo y selección de arboles

Se realizó un muestreo selectivo de 30 árboles, distribuidos en los 3 rodales de la plantación, es decir 10 árboles en cada rodal. La selección de árboles se realizó tomando en cuenta cada una de las categorías de diámetro y altura presentes en el área de estudio, considerando los siguientes criterios: árboles de fuste recto, con buena conformación de copa, libres de plagas y enfermedades, vigorosos, además de que no presentaran alguna evidencia de daño físico, mismos que fueron considerados por De La Cruz-Flores (2010). La toma de datos de campo se realizó mediante un muestreo destructivo.

Variables evaluadas

De cada uno de los árboles seleccionados, se registró sus variables dasométricas, las mediciones se realizaron de dos maneras, la primera con el árbol en pie y la segunda con el árbol derribado, procedimiento recomendado por Schlegel *et al.*, (2000). A cada árbol en pie se le midió el diámetro a la base, el diámetro a 0.30 m y el diámetro normal (1.30 m) y la cobertura de copa. Derribado el árbol, se midió el diámetro a las primeras ramas vivas del fuste, la altura de fuste limpio, altura a un diámetro a 3 cm, altura comercial y la altura total. Adicionalmente, se registró la coordenada del árbol, altitud sobre el nivel de mar pendiente y exposición, con la finalidad tener un mejor control respecto a la ubicación de los arboles muestra.

El derribo del árbol se realizó con una motosierra mediante la técnica de derribo direccional, posteriormente se realizó el desrame para dejar el fuste visible, se midieron y marcaron las diferentes alturas de las secciones antes de realizar el troceo. La primera troza se obtuvo 0.30 m, la siguiente a 1.30 y después cada 2.60 m hasta llegar a la altura donde el diámetro alcanzo 10 cm, posteriormente cada 2 m hasta donde el diámetro alcanzo 3 cm.

Realizado el troceo, se registró número de troza, longitud, diámetro mayor con corteza y sin corteza y el diámetro menor con corteza y sin corteza de cada una de las trozas obtenidas.

Cubicación de las trozas

Se realizó la cubicación de las trozas considerando la corteza, posteriormente se calculó el volumen fustal de cada uno de los árboles muestreados, sumando el volumen de las todas las trozas correspondientes. De esta manera se estimó el volumen real con corteza, para estimar el volumen real sin corteza el procedimiento fue el mismo. El cálculo de los volúmenes se procesó en la plataforma de Microsoft Office Excel 2010. La cubicación se realizó con la formula Smalian, misma que ha sido utilizada por Tenorio-Galindo, (2003); Acosta-Mireles y Carrillo-Anzures, (2008); Sánchez-Sarango, (2012).

Quedando de la siguiente manera.

$$Vs = \left(\frac{S0 + S1}{2} \right) * L$$

En esta fórmula se tiene que: V_S = Volumen por Smalian, L = Longitud del fuste o troza, S_0 y S_1 = Áreas de las secciones transversales extremas del fuste o troza.

Para la aplicación de esta expresión se obtienen los diámetros de las secciones extremas del fuste o troza y con ellos se calculan sus áreas (Romahn-De la Vega y Ramírez-Maldonado, 2010).

Posteriormente se generó la base de datos utilizada para el ajuste de los modelos volumen, que incluye las siguientes variables: diámetro normal, altura hasta donde el diámetro alcanzo 3 cm, volumen real con corteza y volumen real sin corteza.

Coeficiente mórfico

Como complemento de este estudio, se obtuvo el coeficiente mórfico utilizando los 30 árboles muestra, con la finalidad de estimar eficientemente el volumen de los árboles utilizados para la validación de las tablas de volumen. Mismo que se obtuvo utilizando el volumen real, con índice de utilización de 3 cm mediante la fórmula de Smalian y el volumen aparente, utilizando la siguiente fórmula propuesta por Romahn-De la Vega y Ramírez-Maldonado (2010).

$$CM = \frac{VR}{VA}$$

Dónde: CM = Coeficiente mórfico, VR = Volumen real (m^3), VA = Volumen aparente (m^3).

Ajuste y selección de modelos de volumen

Se probaron 14 modelos de volumen utilizados por Cruz-Contreras, (1997); Rentería-Anima y Ramírez-Maldonado, (1998); Tapia-Barrera, (1998); Tapia y Navar, (2011) y Muñoz-Flores et al. (2012), para elaborar tablas de volumen, los cuales se presentan a continuación:

Rafael Garrido Rosado
Sergio Hernández Corona
José Antonio Aparicio Hernández

1.-Variable combinada: $Y = \beta0 + \beta1\, D^2\, A$

2.-Variable combinada Polinomial de 2 grado:

$Y = -\beta0 + \beta1 * (D^2\, H) - \beta2 * (D^2\, H)^2$

3.- Formula australiana: $Y = \beta0 + \beta1 D^2 + \beta2 A + \beta3 D^2\, A$

4.- Meyer modificada: $Y = \beta0 + \beta1 D + \beta2 DA + \beta3 A$

5.- Ecuación de Naslund: $Y = \beta0 + \beta1 D^2 + \beta2 D^2\, A + \beta3 A^2 + \beta4 DA^2$

6.- Comprensible: $Y = \beta0 + \beta1 D + \beta2 DA + \beta3 D^2 + \beta4 A + \beta5 D^2\, A$

7.- Ecuación de Spurr: $Y = \beta0 + \beta1 D^2\, A$

8.- Ecuación de Schumacher y Hall: $Y = Exp((\beta0) + \beta1 * LN(D) + \beta2 * LN(A))$

9.- Ecuación de Spurr logarítmica: $Y = Exp((\beta0) + \beta1 * LN(D^2\, A))$

10.- Modelo Logarítmico de la Variable Combinada: $Y = \beta0(D^2\, A)^{\beta1}$

11.- Modelo Logarítmico de Korsun: $Y = \beta0(D + 1)^{\beta1}\, A^{\beta2}$

12.- Modelo Logarítmico de Schumacher: $Y = \beta0 D^{\beta1}\, A^{\beta2}$

13.-Thornber: $Y = \beta0(A/D)^{\beta1}\, D^2\, A$

14.- Dwight: $Y = \beta0 A(3 - \beta1)$

Dónde: Y = Volumen fustal hasta 3 cm; $\beta0$, $\beta1$, $\beta2$, $\beta3$, $\beta4$ = parámetros de la regresión; LN = logaritmo natural; e = base de logaritmos naturales; D = diámetro normal; A = altura.

Criterios estadísticos para la selección del modelo

El ajuste de los modelos, se realizó utilizando el programa estadístico Statistical Analysis System (SAS) versión 9.0, utilizando el procedimiento de regresión no lineal (Non Linear Regression o NLIN). Para juzgar la bondad de ajuste de las ecuaciones de volumen, se utilizaron los valores más bajos del cuadrado medio del error (CME), error estándar (SX), coeficiente de variación (CV), nivel de significancia (P) y el valor más alto de coeficiente de determinación (R^2), R ajustada (Rj) y F calculada (F cal). La capacidad de ajuste del modelo se basó también en el análisis gráfico de los residuales estudentizados, la facilidad para aplicación considerando el número de variables y parámetros utilizados, a su vez se tomó en cuenta como parámetro indicador el sesgo menor, al comparar el volumen estimado por los modelos, con el volumen real calculado.

Validación de las tablas de volumen fuste completo con corteza y sin corteza

Se utilizó una muestra de 100 árboles para la validar de las tablas de volumen, distribuidos en cada una de las categorías diamétricas presentes en el área de estudio. Los árboles utilizados son independientes de la muestra utilizada para estimar los parámetros de regresión. Con el coeficiente mórfico se estimó el volumen real, para compararlo con el volumen estimado por el modelo seleccionado. Posteriormente se utilizaron dos estadísticos, el primero consistió en el análisis de varianza, para probar si existían o no diferencias estadísticamente significativas entre el volumen real y el volumen estimado, con un nivel de confianza de 95 %, método empleado por Moret et al. (1998),

El segundo estadístico fue un análisis de correlación entre el volumen real y el volumen estimado por el modelo seleccionado, considerando que el coeficiente de correlación lineal (r), tendrá siempre un valor entre -1 y +1, siendo los valores de +1 y -1 para la correlación perfecta, positiva o negativa, respectivamente. La correlación será alta cuando el valor de "r" se aproxime a +1 o -1, y será baja cuando se acerque a cero (0), que es cuando no existe correlación (Romahn-De la Vega y Ramírez-Maldonado, 2010). Además del índice de correlación, también es importante observar la significancia bilateral, para a tomar la decisión si existe o no correlación entra ambas variables, basándose en el supuesto, si el valor de significación bilateral (p-valor) es menor al nivel de confianza utilizado, existe una correlación muy fuerte.

Resultados y discusión

Características dendrométricas

Los 30 árboles de *Pinus patula* Schl. *et* Cham., analizados en el presente estudio, presentaron diámetros basales entre 7.95 cm y 42.5 cm, diámetros normales entre 5 cm y 35 cm, incluyéndose todas las categorías diamétricas presentes en la plantación (5, 10, 15, 20, 25, 30,35 cm), y alturas existentes entres entre 5.3 m y 25.4 m.

Tabla de volumen fustal con corteza

El modelo Logarítmico de Korsun fue el que mejor estimó el volumen del fuste con corteza en m^3, con un índice de utilización de 3 cm para la plantación de *Pinus patula* Schl. *et* Cham. Este modelo fue seleccionado por presentar los menores valores del CME (0.00052), SX (0.02270), CV (8.72452), P (0.0001), el valor más alto en R^2 (0.992), Rj (0.99089) y F calculada (2366.097), que corresponden a los mejores parámetros de ajuste, además de su buena distribución de residuales estudentizados, y por ser el modelo que presento menor sesgo al comparar el volumen estimado, con el volumen real calculado.

La tabla de volumen se generó al sustituir los valores de diámetro y altura en la ecuación del modelo seleccionado, posteriormente en las columnas de la tabla se ordenaron las alturas en grupos de 5 m y en las filas los diámetros en rangos de 5 cm.

En la **Figura 1** Tabla de volumen fustal con corteza para *Pinus patula* Schl. *et* Cham., se muestra la tabla de volumen elaborada con el modelo Logarítmico de Korsun, estima el volumen fustal con corteza expresado en m³, es de doble entrada (diámetro y altura), fue elaborada considerando un índice de utilización de 3 cm y considera el volumen el tocón.

Tabla de volumen fustal con corteza para *Pinus patula* Schl. *et* Cham.

H (m) DN (cm)	5	10	15	20	25	30	35
10	0.0191	0.0443	0.0725	0.1029	0.1349	0.1684	0.2031
15	0.0356	0.0827	0.1354	0.1920	0.2519	0.3144	0.3791
20	0.0560	0.1301	0.2130	0.3021	0.3963	0.4946	0.5965
25	0.0800	0.1857	0.3040	0.4313	0.5657	0.7060	0.8515
30	0.1072	0.2490	0.4076	0.5782	0.7584	0.9465	1.1416
35	0.1376	0.3194	0.5229	0.7418	0.9730	1.2144	1.4646
40	0.1708	0.3967	0.6495	0.9214	1.2084	1.5083	1.8191
45	0.2070	0.4806	0.7868	1.1161	1.4639	1.8271	2.2036
50	0.2458	0.5708	0.9344	1.3255	1.7386	2.1699	2.6171
55	0.2872	0.6670	1.0920	1.5491	2.0318	2.5359	3.0585
60	0.3312	0.7692	1.2592	1.7864	2.3430	2.9244	3.5270

Vol: Exp((-9.9122293177)+1.6665279138*LN(D+1)−1.2155760207[+]LN(H))
Enero,2017
P:<0.0001 R²:0.99 IU = 3 cm
Donde: Vol = Volumen (m³); D = Diámetro normal; H = Altura total; Exp = Exponencial; Log = Logaritmo natural; P = Nivel de significancia; R² = Coeficiente de determinación; IU = Índice de utilización.
[+]El volumen real se obtuvo utilizando la fórmula de Smalian.
Los valores sombreados corresponden al área recomendada para la aplicación de la ecuación, debido a que los arboles muestras se encuentran entre estas categorías.

Figura 1. Tabla de volumen fustal con corteza para Pinus patula Schl. et Cham.

Esta tabla de volumen es aplicable para la plantación estudiada, sin embargo, podría ser utilizada en plantaciones cercanas, que tengan condiciones similares a la estudiada.

Santiago-Gómez (2013), elaboró una tabla de volumen con corteza para la especie *Pinus rudis* Endl., en Galeana, Nuevo León, en dicho trabajo el modelo que presentó mejor ajuste fue Schumacher en su versión exponencial, comparado con el presente estudio, las

Rafael Garrido Rosado
Sergio Hernández Corona
José Antonio Aparicio Hernández

metodologías utilizadas para la toma de datos de campo es diferente, debido a que el autor realizo las mediciones correspondientes con el arbolado en pie, por otra parte, para la selección del modelo de mejor ajuste para estimar el volumen, en ambos estudios se utiliza el coeficiente de determinación, cuadrado medio del error y el error estándar, sin embargo el autor no reporta valores del coeficiente de determinación ajustado, nivel de significancia ni de F calculada.

Validación de la tabla de volumen fustal con corteza

Se utilizó el análisis de varianza, en el cual se encontró que el valor de F (0.0470) es mucho menor que el valor crítico para F (3.8888), por lo tanto, no existen diferencias significativas entre el volumen real estimado de los 30 árboles muestra con volumen estimado por el modelo que presento mayor flexibilidad de ajuste. Debido a que el nivel de significancia utilizado en este análisis de varianza fue del 5 %, la ecuación seleccionada estima el volumen con una probabilidad del 95 %. Lo que coincide con al análisis de correlación, donde el coeficiente de correlación de Pearson es de 0.998, valor muy cercano a 1, de acuerdo con Romahn-De la Vega y Ramírez-Maldonado (2010) este resultado indica que existe alta correlación positiva, entre el volumen real con el volumen estimado por el modelo de Logarítmico de Korsun. También se hace notar que el p-vapor (significancia bilateral = 3.34 x 10-119) es menor que el nivel de significación (0.01) por lo tanto existe correlación entre ambos volúmenes. Es evidente entonces que el modelo Logarítmico de Korsun confiable para estimar el volumen con corteza de la especie referida.

Comparación de la tabla de volumen fustal con corteza elaborada en el presente estudio, con la tabla de volumen del Inventario Nacional de 1976

En gran parte de la región Chignahuapan-Zacatlán la cubicación de los árboles de *Pinus patula* Schl. *et* Cham., se realiza con la tabla de volumen del Inventario Nacional Forestal, que fue elaborada en 1974 y presentada en 1976, es importante mencionar que esta tabla considera tres especies de pino (*Pinus ayacahuite, P. montezumae, P. patula*), y que los arboles muestra que se utilizaron para su elaboración provienen de bosques naturales. A la fecha son pocos los reportes publicados de tablas de volumen para plantaciones forestales de *Pinus patula* Schl. *et* Cham., en el municipio de Zacatlán.

Considerando la fecha del inventario, las escasas actualizaciones que se han realizado, y que las condiciones que propician el desarrollo, crecimiento e incremento de esta especie, son muy cambiantes cuando se maneja como plantación forestal, se tiene la idea que, la tabla de volumen elaborada en 1976 podría estar subestimando o sobrestimando en volumen de los árboles de la PFC estudiada.

Partiendo de esta premisa se compararon los volúmenes estimados por ambas tablas. Para esto se realizó la sumatoria del volumen obtenido en cada categoría diamétrica, considerando categorías de alturas de 5 a 35 m, posteriormente se graficó el resultado. Es importante hacer mención, que se desconoce si la tabla de volumen elaborada en 1976 considera corteza y ramaje, además de que no se reporta el índice de utilización y la fórmula utilizada para la cubicación de las trozas.

Al realizar la comparación se observó que la tabla de volumen con corteza realizada en el presente estudio, reporta un volumen mayor en la categorías diamétricas de 10, 15 y 20 cm, en cuanto a las categorías de 25 y 30 se presentan una situación contraria, ya que se hacen evidentes las primeras variaciones en la estimación del volumen, respecto a las categorías de 35, 40 y 45 la situación es similar, las variaciones más notables se aprecian a partir de las categorías de 50, 55 y 60 donde se presentan los mayores rangos de variación, en general se aprecia una sobreestimación del volumen existente en la plantación al utilizar la tabla generada en 1976.

Tabla de volumen fustal sin corteza

El modelo que presentan mayor confiabilidad estadística para estimar el volumen fustal sin corteza, con un índice de utilización hasta 3 cm para *Pinus patula* Schl. *et* Cham., es el de Thornber, mismo que se utilizó para construir una tabla de volumen sin corteza, de doble entrada (diámetro y altura). El modelo fue seleccionado por presentar la mayor bondad de ajuste con los valores más altos en R^2 (0.987), Rj (0.98651), F calculada (2293.313), los valores más bajos en CME (0.0005), SX (0.024), CV (11.030), P (0.0001) y una buena distribución de residuales estudentizados, además de presentar menor sesgo al comparar el volumen estimado, con el volumen real sin corteza obtenido de la cubicación de los arboles muestra.

En la **Figura 2** Tabla de volumen fustal sin corteza para *Pinus patula* Schl. *et* Cham., se muestra la tabla de volumen elaborada con el modelo de Thornber, fue elaborada considerando un índice de utilización de 3 cm, el volumen es expresado en m^3, incluye volumen del tocón y consta de dos entradas (diámetro y altura).

Tabla de volumen fustal sin corteza para *Pinus patula* Schl. *et* Cham.							
H (m) **DN** **(cm)**	5	10	15	20	25	30	35
10	0.0121	0.0342	0.0628	0.0966	0.1350	0.1775	0.2237
15	0.0222	0.0628	0.1153	0.1775	0.2481	0.3261	0.4109
20	0.0342	0.0967	0.1776	0.2734	0.3820	0.5021	0.6327
25	0.0478	0.1351	0.2482	0.3820	0.5339	0.7018	0.8843
30	0.0628	0.1776	0.3262	0.5022	0.7019	0.9226	1.1625
35	0.0792	0.2238	0.4111	0.6329	0.8845	1.1626	1.4650
40	0.0967	0.2735	0.5023	0.7733	1.0807	1.4205	1.7899
45	0.1154	0.3263	0.5994	0.9228	1.2895	1.6951	2.1359
50	0.1352	0.3822	0.7021	1.0808	1.5104	1.9853	2.5017
55	0.1559	0.4410	0.8100	1.2470	1.7426	2.2905	2.8863
60	0.1777	0.5025	0.9229	1.4208	1.9855	2.6099	3.2887

Modelo: Vol = Exp((-5.142)+(-5.142)+0.5*LN(H/D)+LN(D^2*H))
Enero, 2017
P:<0.0001 R^2:0.99 IU = 3 cm
Donde: Vol = Volumen (m^3); D = Diámetro normal; H = Altura total; Exp = Exponencial; Log = Logaritmo natural; P = Nivel de significancia; R^2 = Coeficiente de determinación; IU = Índice de utilización.
*El volumen real se obtuvo utilizando la fórmula de Smalian.
Los valores sombreados corresponden al área recomendada para la aplicación de la ecuación, debido a que los arboles muestras se encuentran entre estas categorías.

Figura 2. Tabla de volumen fustal sin corteza para Pinus patula Schl. et Cham.

Muñoz-Flores et al. (2012), en el estudio realizado sobre la predicción de volúmenes de fuste total para plantaciones de *Pinus greggii* Engelm., en Meztitlán, Hidalgo, reporta que los modelos más aptos por su ajuste a los criterios de bondad fueron el de la Variable Combinada Logarítmica (R^2 = 0.9834, CME = 0.0296) y el de Schumacher (R^2 = 0.9837, CME = 0.0293), con base en las ecuaciones obtenidas mediante estos dos modelos se elaboraron sus respectivas tablas de doble entrada, que representan el volumen de fuste completo sin corteza. Al comprar ambos estudios se encontró que el autor solo utilizo cuatro modelos de para la predicción del volumen, mientras que en el presente estudio se reportan trece modelos, por otra parte, en ambos estudios se reportan valores muy similares en los valores de R^2 y valores con diferencia significativa en CME, considerando que ambos estudios se realizaron para el género *Pinus* pero no para la misma especie.

Validación de la tabla de volumen fustal sin corteza

El análisis de varianza indica que no existen diferencias significativas entre el volumen real con corteza estimado con los 30 árboles muestra, con el volumen estimado por el modelo de Thornber, puesto que valor de F (0.4887) es menor que el valor crítico para F (3.8888). Es oportuno hacer mención que el análisis de varianza se realizó con un nivel de significancia del 5 %, por lo tanto, la ecuación seleccionada estima el volumen con un 95 % de confiabilidad.

El análisis de correlación arroja un p-valor (significancia bilateral) de 1.34 x10 -93, el cual es menor que el nivel de significación (0.01), por lo tanto, esto demuestra que existe correlación entre el volumen real sin corteza con el volumen estimado por con el modelo de Thornber, con referencia al coeficiente de Pearson se obtuvo un valor de 0.993, valor muy cercano a 1, lo que también demuestra la alta correlación existente entre las variables. Los dos análisis utilizados para validar la tabla de volumen sin corteza demuestran que el modelo de Thornber es estadísticamente confiable para estimar el volumen sin corteza.

RAFAEL GARRIDO ROSADO
SERGIO HERNÁNDEZ CORONA
JOSÉ ANTONIO APARICIO HERNÁNDEZ

Comparación de la tabla de volumen fustal sin corteza elaborada en el presente estudio, con la tabla de volumen del Inventario Nacional de 1976

Se realizó la sumatoria del volumen obtenido en cada categoría diamétrica, considerando categorías de alturas de 5 a 35 m, posteriormente se graficó el resultado.

Al comparar ambas tablas, se encontró que la tabla de volumen sin corteza realizada en el presente estudio, presenta un volumen mayor en las categorías diamétricas de 10 y 15 cm, para la categoría de 20 el volumen es casi igual con una diferencia de 0.012 m^3 respecto a la tabla de volumen de 1976, en lo que concierne a las categorías siguientes, es notable una estimación menor en los volúmenes, siendo en las ultimas categorías (55 y 60 cm) en las que se presenta mayor variación, situación que se atribuye a que en las muestras utilizadas en el presente estudio, no se contemplaron árboles de esos diámetros debido a que no existen en la plantación.

Conclusiones

Los modelos que presentaron mayor bondad de ajuste para elaborar las tablas de volumen de *Pinus patula* Schl. *et* Cham., fueron el Logarítmico de Korsun para estimar el volumen fustal con corteza y el modelo de Thornber para estimar el volumen fustal sin corteza.

Los estadísticos utilizados para la validación de ambas tablas de volumen, demostraron que no existen diferencias significativas entre el volumen real y el estimado por las ecuaciones de volumen utilizadas, con esto se demuestra la confiabilidad de utilizar estos modelos para estimar el volumen de *Pinus patula* Schl. *et* Cham.

Los resultados generados constituyen una línea base, que servirá para establecer un esquema de manejo forestal para plantación forestal estudiada.

Agradecimiento

Los autores agradecen al C. José Javier Padilla Cruz propietario del predio donde se realizó el estudio, y a la consultoría forestal Silvícola Ocote Real S.C. de R.L. de C.V. por la oportunidad, confianza y apoyo que nos otorgaron para llevar a cabo la realización de este proyecto.

Referencias

Acosta M. M. y Carrillo A. F. (2008). Tabla de volumen total con y sin corteza para *Pinus montezumae* Lamb., en el estado de Hidalgo. Folleto Técnico No. 7. Instituto Nacional de Investigaciones Forestales Agrícolas y Pecuarias. Campo Experimental Pachuca. Pachuca, Hgo. 20 p.

Armendáriz-Olivas, R., Quiñones-Chávez, A., Cano-Rodríguez, M., Juárez-Tapia, P., Rubio-Arias, H. O. y Rentería-Anima, J. (2003). Tablas de volúmenes para *Pinus herrerae* y *Pinus durangensis* en el ejido Monteverde, municipio de Guazpares, Chihuahua. Instituto Nacional de Investigaciones Forestales, Agrícolas y Pecuarias. Folleto técnico 21.

Avery, T. E. 1967. (Forest measurements). Nueva York: McGraw-Hill Book Co.

Baldi, G., Nosetto, M., D. y Jobbágy, E. G. (2008). El efecto de las plantaciones forestales sobre el funcionamiento de los ecosistemas sudamericanos. Setor de Ciências Agrárias e Ambientales, 4 (Edición Especial), 24-34.

Cruz-Contreras, A. (1997). Ecuaciones de volumen y funciones de ahusamiento para *Pinus durangensis* mart., y *Pinus teocote* Schl. *et* Cham., del ejido Vencedores, San Olmas, Durango, México. (Tesis de maestría). Universidad Autónoma de Nuevo León, México.

De la cruz-Flores, M. A. (2010). Estudio epidométrico en una plantación de *Pinus greggii* Engelm. en el CAESA, Los lirios, Arteaga, Coahuila. (Tesis de licenciatura). Universidad Autónoma Agraria Antonio Narro, México.

García-De Miranda, E. (1981). Modificaciones al sistema de clasificación climática de Köeppen. 3ª ed. México: Instituto de Geografía-UNAM.

Instituto Nacional de Estadística Geografía. (2000). Síntesis Geográfica del Estado de Puebla.

Moret, A. Y., Jerez, M. y Mora, A. (1998). Determinación de ecuaciones de volumen para plantaciones de teca (Tectona grandis l.) en la unidad experimental de la reserva forestal Caparo, estado Barinas – Venezuela. Forestal Veracruzana, 42 (1), 41-50.

Muñoz-Flores, H. J., Velarde-Ramírez J, C., García-Magaña, J.J., Sáenz-Reyes, J.T., Olvera-Delgadillo, E, H. y Hernández-Ramos, J. (2012). Predicción de volúmenes de fuste total para plantaciones de Pinus greggii Engelm. Ciencia forestal, 3 (14), 12-22.

Muñoz-Flores, H.J., Sáenz-Reyes, T., García-Sánchez, J. J., Hernández-Máximo. y Anguiano-Contreras E. (2011). Áreas potenciales para establecer plantaciones forestales comerciales de Pinus pseudostrobus Lindl. y Pinus greggii Engelm en Michoacán. Foresta Veracruzana, 2 (5), 30-44.

Philip, M. S. (1994).Measuring tress and forests. 2da ed. EE. UU: Universidad de Michigan.

Rentería-Anima, J. B., Ramírez-Maldonado, H. (1999). Sistema de cubicación para Pinus cooperi blanco mediante ecuaciones de ahusamiento en Durango. Chapingo Serie Ciencias Forestales y del Ambiente, 4 (2), 315-321.

Romahn-De la Vega, C. F. y Ramírez Maldonado, H. (2010). Dendrometría. México: Universidad Autónoma Chapingo.

Salas-Meza L. M., Terrazas-Domínguez S. y Vargas-Pérez, E. (2002). Programa de cómputo para la generación de tablas de volúmenes maderables. Chapingo Serie Ciencias Forestales y del Ambiente, 8 (1), 58-70.

Salaya-Domínguez, J. M., López-Upton, J. y Vargas-Hernández, J. J. (2012). Variación genética ambiental en dos ensayos de progenies de Pinus patula. Agrociencia, 46 (5), 520-534.

Sánchez-Sarango, Y. A. (2012). Elaboración de tablas de volúmenes y determinación de factores de forma de las especies forestales: Chuncho (*Cedrelinga cateniformes*), Laurel (*Cordia alliodora*), Sangre de gallina (*Otoba sp.*), Ceibo (*Ceiba samauma*) y Canelo (*Nectandra sp.*), en la provincia de Orellana. (Tesis de licenciatura). Escuela Superior Politécnica de Chimborazo, Ecuador.

Santiago-Gómez, E. (2013). Elaboración de una Tabla de Volumen para la Especie *Pinus rudis* Endl., en el Rancho San José de la Joya, Galena, Nuevo León. (Tesis de licenciatura). Universidad Autónoma Agraria Antonio Narro, México.

Schlegel, B. Gayoso. J, Guerra J. (2000). Medición de la capacidad de captura de carbono en bosques de chile y promoción en el mercado mundial. Manual de procedimientos muestreos de biomasa forestal. Universidad Austral De Chile.

Silvícola Ocote Real. (2011). Programa de manejo de plantación forestal comercial, predio parcela 125 z-1 p 1/1 de la comunidad "Santiago Tepeixco", municipio de Zacatlán, Puebla.

Tapia, J., Návar, J. (2011). Ajuste de modelos de volumen y funciones de ahusamiento para *Pinus pseudostrobus* Lindl., en bosques de pino de la Sierra Madre Oriental de Nuevo León, México. Foresta Veracruzana, 13(2), 19-28.

Tapia-Barrera, J. J. (1998). Ajuste de ecuaciones de volumen y funciones de ahusamiento para *Pinus teocote* Schl. *et* Cham., y *Pinus pseudostrobus* Lindl., en el estado de Nuevo León. (Tesis de maestría). Universidad Autónoma de Nuevo León, México.

Tenorio-Galindo, G. (2003). Tabla de volumen para *Pinus patula* Schl. *et* Cham., en el estado de Hidalgo. (Tesis de licenciatura). Universidad Autónoma Chapingo, México.

Velasco-Bautista, E., Madrigal-Huendo, S., Vázquez-Collazo, I., Moreno-Sánchez, F. y González-Hernández, A. (2007). Tablas de volumen con corteza para *Pinus douglasiana* y *Pinus pseudostrobus* del sur-occidente de Michoacán. Ciencia Forestal en México, 32 (101). 94-115.

Beneficios del uso del Maíz Criollo en la alimentación y conservación de la planta como patrimonio gastronómico.

González Hernández Yariela Arizaí, Geronimo Jiménez Arantxa, Hernández León Yuriria

Instituto Tecnológico Superior de la Sierra Norte de Puebla. Av. José Luis Martínez Vázquez, No. 2000, Jicolapa, Zacatlán, Puebla, 73310.

yarielagonzalez@hotmail.com, arantxa17_hilfob@hotmail.com, yuri_hll3@hotmail.com

---

RESUMEN

México es un país con una riqueza inmensa de variedades criollas de ésta semilla entre las que destacan: Ancho, Apachito, Arrocillo, Azul, Blando, Bofo, Bolita y las cuales han sido las más cultivadas dentro del territorio mexicano sin embargo la introducción de semillas industrializadas ha generado que el consumo de los productos derivados del maíz disminuya, además que están maltratando el suelo en el que son cultivados pues su composición altera las tierras de cultivo y hace que la producción de maíz criollo se vea afectada puesto que ya no se produce de manera regular por el cambio en el suelo, dichos cambios afectan de igual manera a la alimentación y aprovechamiento de nutrientes, por lo que en la actualidad se está viendo afectada la Gastronomía Mexicana y el patrimonio cultural gastronómico del País.

Palabras clave

Palabra clave: Patrimonio gastronómico, Criollo, Gastronomía, Alimentación, Maíz

Abstract

Mexico is a country with an immense wealth of criollo varieties of this seed among which stand out: Ancho, Apachito, Arrocillo, Azul, Blando, Bofo, Bolita and which have been the most cultivated within the Mexican territory however the introduction of seeds industrialized has generated that the consumption of the products derived from the maize diminish, in addition that they are mistreating the ground in which they are cultivated because their composition alters the lands of culture and causes that the production of Creole maize is affected since it is no longer produced In a regular way, due to the change in the soil, these changes affect food and nutrient

RAFAEL GARRIDO ROSADO
SERGIO HERNÁNDEZ CORONA
JOSÉ ANTONIO APARICIO HERNÁNDEZ

utilization in the same way, which is currently affecting the Mexican Gastronomy and the gastronomic cultural heritage of the Country

Keywords

Keywords: Gastronomic Heritage, Creole, Gastronomy, Feeding, Corn.

INTRODUCCIÓN

El presente documento pretende mostrar, la importancia que tiene la producción agrícola, la conservación y el consumo del maíz criollo en las Áreas Naturales del País, así como las acciones que llevan a cabo las y los agricultores, las comunidades y la población en torno a la producción y uso de Maíz Criollo.

México es el primer país productor del maíz y uno de los países en donde dicho ingrediente es la base de la alimentación, ya sea en tortillas, pozole, pinole, atole, esquites o tamales, y como almidón o dextrina, en aceite o incluso como alcohol, el maíz ha sido parte fundamental de la dieta y de la cultura en México. La palabra "maíz" deriva del término taína mahis, que significa literalmente "lo que sustenta la vida"; en náhuatl se utiliza centli, que se traduce como "mazorca de maíz". En nuestro país se han encontrado las evidencias más antiguas del manejo del maíz, particularmente en sitios secos como Tehuacán, Valles Centrales de Oaxaca y en la Sierra de Tamaulipas. Es en estos sitios donde también se hallaron las pruebas más antiguas de domesticación 13 de plantas en Mesoamérica, y aunque sigue habiendo discusiones al respecto, se cree que datan de alrededor del año 10 000 y 8 000 a. C. (de acuerdo a varios autores), diversos estudios consideran que también existe la mayor concentración de diversidad de maíz del mundo y que aquí han evolucionado y viven sus parientes silvestres, los teocintles y otro conjunto de gramíneas relacionadas, especies del género Tripsacum. De este modo, desde la época prehispánica, nuestro país ha sido uno de los principales puntos de cultivo de maíz en América y en el mundo. Comisión Nacional de Áreas Naturales Protegidas. (2015).

Así, desde tiempos inmemoriales la base de la cocina mexicana, y la de muchas otras en Sudamérica, es el maíz, aunque no hay una cantidad exacta de productos y platillos que contienen o se elaboren con este grano, se cree que en nuestro país existen alrededor de 700 derivados. En términos alimenticios, políticos, económicos y sociales, el maíz es el cultivo más importante de México, ya que cubre poco más de la mitad de la superficie agrícola sembrada, por lo tanto es indispensable y de responsabilidad cultural y social que se conserve planta en su estado más natural pues de no hacerlo así se estaría atentando a la alimentación y desarrollo de la cultura así como a la importancia que tiene en la actualidad la Gastronomía de nuestro país pues es considerada Patrimonio Cultural y reconocida a nivel Internacional.

Historia del Maíz Criollo

En México, centro de origen, domesticación y diversificación del maíz (Zea *mays* L.), existen 59 razas de acuerdo con la clasificación más reciente basada en características morfológicas e isoenzimáticas (Sánchez *et al.*, 2000), que representan un significativo porcentaje de las 220 a 300 razas de maíz existentes en el continente americano (Kato *et al.*, 2009). Esta diversidad es producto de milenarias prácticas agrícolas vinculadas al conocimiento tradicional de los pueblos indígenas de México, principales herederos, custodios y mejoradores del germoplasma nativo (Mera-Ovando y Mapes-Sánchez, 2009; Turrent *et al.*, 2010; Toledo-Manzur y Barrera-Bassols, 2008). De hecho, el mejoramiento genético del maíz es una actividad que en México probablemente se remonta a más de 10 mil años (Miranda-Colín, 2000).

La importancia del maíz es tal que se ve reflejada en los relatos de las culturas maya y azteca -principalmente-, en donde se menciona que incluso la sangre estaba conformada por este grano. Dentro de la cultura maya el maíz marcaba ciclos de actividades fundamentales como las temporadas de siembra y cosecha, el momento exacto para iniciar una guerra.

Cabe mencionar que el maíz, junto con el frijol, aporta el 75 por ciento de la ingesta calórica de los campesinos de zonas rurales, ya que gracias a su adaptación se puede producir en prácticamente todas las regiones agrícolas, con diferentes sistemas de producción y durante todo el año. Comisión Nacional de Áreas Naturales Protegidas. (2015). Comisión

Nacional de Áreas Naturales Protegidas. (2015). Programa de Recuperación y Repoblación de Especies en Riesgo. 20 de octubre de 2018, de Comisión Nacional de Áreas Protegidas Sitio web: https://www.gob.mx/conanp/acciones-y-programas/ programa-de-conservacion-de-especies-en-riesgo-procer

Formas comestibles del maíz

La cocina tradicional mexicana, que tiene como base al maíz, es considerada Patrimonio Cultural Inmaterial de la Humanidad por la Organización de Naciones Unidas para la Educación, la Ciencia y la Cultura (UNESCO, 2010). Si hubiera alguna duda en cuanto al origen del maíz, bastaría con hacer un recuento del número de platillos que se preparan con este cereal, muchos de ellos desde tiempos remotos. El destacado antropólogo Eusebio Dávalos Hurtado decía que en México existen no menos de 700 formas de comer el maíz, afirmación que el "Recetario del Maíz" editado por el Consejo Nacional para las Culturas y las Artes (CONACULTA) sustenta y amplía considerablemente (Echeverría y Arroyo, 2000). En el Cuadro 1 se reportan algunas de las preparaciones culinarias más tradicionales. Es importante subrayar que la base de estos platillos son los maíces nativos y no los mejorados, los cuales no reúnen las propiedades y calidad necesaria, en la mayoría de los casos, para la preparación de platillos específicos (Ortega-Paczka, 2003)

En muchos casos se ha encontrado una correlación estricta entre la raza de maíz y el tipo de preparación culinaria. Por ejemplo, la raza Bolita es la idónea para elaborar la tortilla "tlayuda" y el "tejate", con la raza Cacahuacintle se prepara el pozole, la raza Harinoso de Ocho se prefiere para la elaboración de "coricos", la raza Bofo se usa para hacer "huacholes", y la raza Zapalote Chico es la ideal para elaborar el "totopo istmeño". Justamente estos son algunos de los "usos especiales" de las variedades nativas, que se definen como los usos culinarios específicos descritos para una raza en particular, y que pueden ser distintivos de una región o cultura determinada. Véase Tabla 1.

RAFAEL GARRIDO ROSADO
SERGIO HERNÁNDEZ CORONA
JOSÉ ANTONIO APARICIO HERNÁNDEZ

Tipo de preparación	Ejemplos de alimentos y preparaciones culinarias
Tortillas, antojitos, botanas y similares	Tortillas, totopos istmeños, tlayudas, chilaquiles, enchiladas, enfrijoladas, entomatadas, tacos, tostadas, quesadillas, garapaches, panuchos, papatzules, enjococadas, chopas de perico, chalupas, gorditas, molotes, peneques, sopes, tlacoyos o tlatloyos, salbutes, palomitas, totopos, nachos, frituras, otros.
Elotes y sopas	Elote, cuitlacoche, esquites, pozoles y menudos, chacales, chicales, huachales, chochoyotes, sopas, otros.
Tamales y similares	Tamal. De elote y de nixtamal. Dulces y salados. Con y sin relleno. De cazuela. Joroch. Nacatamales, kehil hua, buulil hua, zacahuil, pibipollo, tobi holoch, colados, chanchamitos, pictes de elote, uchepos, corundas, agrios, colados, con frijoles, de garbanzo, de cacahuate, de tortilla, de tismiche, de ceniza, de chaya, de juacane, de chipilín, de frutas (piña, coco, naranja, almendra, avellanas, ciruela pasa guayaba), otros.
Pinoles, dulces y repostería	Pinole, tascalate, "alfajores", batarete yaqui, ponteduro, burritos de maíz, manjar de maíz azul, "maria gorda", melcocha, memenshas, tepopoztes, pemoles, totopos de huetamo, boronitas, coricos, buñuelos, gorditas tradicionales, de cuajada, de piloncillo, de maíz cacahuacintle, gondoches de pabellón, galletas de Zacazonapan, pan de maíz, pan de elote, tortas de maíz, turuletes de maíz, tlaxcales, toqueras de elote, otros.
Atoles	Atole: blanco, nuevo, agrio, usua, champurrado, chileatole, cuatole, nicuatole, malarrabia, tanchucuá, nixteme, de pinole, de frijol, de cacahuate, de avellana, de frutas, de chiles, de pepita, de aguamiel, de coyol, de grano, común de sabores varios (chocolate, vainilla, etc.), otros
Bebidas	Atole: blanco, nuevo, agrio, usua, champurrado, chileatole, cuatole, nicuatole, malarrabia, tanchucuá, nixteme, de pinole, de frijol, de cacahuate, de avellana, de frutas, de chiles, de pepita, de aguamiel, de coyol, de grano, común de sabores varios (chocolate, vainilla, etc.), otros.

Tabla 1. Tipos de preparación del maíz.

En el cuadro se presentan los usos más comunes en la actualidad y las razas nativas asociadas. Es importante resaltar que hay un gran número de razas asociadas con la elaboración de tortilla, y por otro lado pueden identificarse varios usos para una misma raza. De hecho, Narváez-González et al. (2007) reportaron que a dicho Proyecto Global: "Recopilación, generación, actualización y análisis de información acerca de la diversidad genética de maíces y sus parientes silvestres en México (CONABIO, 2011). Diferencia de las razas de Centroamérica y el Caribe, las razas de México y Sudamérica tienen una amplia variedad de usos, e identificaron al menos tres diferentes. Por ejemplo, la raza Cacahuacintle que corresponde al maíz pozolero por excelencia, también destaca por su calidad elotera y por su uso para elaborar galletas tradicionales en el centro del país. De acuerdo con lo reportado en el Cuadro, con esta raza también se pueden elaborar tortillas, harinas, atoles y pinoles.

La culinaria tradicional basada en el maíz ha requerido del desarrollo de sofisticadas operaciones y técnicas culinarias, tanto para la preparación de alimentos como para su conservación: nixtamalización, cocción al vapor y en horno subterráneo, fermentación, molienda para la preparación de harinas, reventado, deshidratado, salado, ahumado, asado y otras. Cabe destacar que los diferentes procesamientos pueden contribuir a incrementar el valor nutritivo de los alimentos preparados. Un ejemplo es el pozol que se elabora a partir de masa de nixtamal sometida a una fermentación láctica, con lo que se obtiene una bebida rica en probióticos. Véase Tabla 2.

RAFAEL GARRIDO ROSADO
SERGIO HERNÁNDEZ CORONA
JOSÉ ANTONIO APARICIO HERNÁNDEZ

Usos comunes y razas nativas asociadas	
Tortillas y relacionados	Ancho, Apachito, Arrocillo, Azul, Blando, Bofo, Bolita (tlayuda), Cacahuacintle, Chalqueño, Chapalote, Comiteco, Conejo, Cónico, Coscomatepec, Cristalino de Chihuahua, Dulcillo del Noroeste, Elotero de Sinaloa, Elotes Cónicos, Elotes Occidentales, Gordo, Harinoso de Ocho, Jala, Mushito, Nal-Tel de Altura, Olotillo, Olotón, Onaveño, Palomero de Chihuahua, Palomero Toluqueño, Pepitilla, Reventador, Tabloncillo, Tepecintle, Tuxpeño, Tuxpeño Norteño, Vandeño, Zapalote Chico (totopo), Zapalote Grande.
Elotes	Ancho, Apachito, Blando de Sonora, Bofo, Cacahuacintle, Chapalote, Comiteco, Complejo Serrano de Jalisco, Conejo, Cónico, Coscomatepec, Dulce, Dulcillo del Noroeste, Elotero de Sinaloa, Elotes Cónicos, Elotes Occidentales, Gordo, Harinoso de Ocho, Jala, Nal-Tel, Olotón, Pepitilla, Tabloncillo, Tabloncillo Perla, Tepecintle, Tuxpeño, Zapalote Grande.
Galletas y dulces	Blando de Sonora (coricos), Bofo (galletas), Cacahuacintle (galletas), Chalqueño (burritos), Elotes Occidentales (chicales), Gordo (galletas, harinillas), Harinoso de Ocho (coricos), Reventador, Tepecintle
Palomitas	Apachito, Arrocillo Amarillo, Chapalote, Nal-Tel, Palomero de Chihuahua, Palomero Toluqueño, Reventador.
Botanas	Apachito, Azul, Celaya, Chapalote, Comiteco, Complejo Serrano de Jalisco, Cónico, Cónico Norteño, Coscomatepec, Cristalino de Chihuahua, Dulce de Jalisco, Dzit Bacal, Elotes Occidentales, Jala, Onaveño, Tablilla de Ocho, Tabloncillo, Tabloncillo Perla, Tehua, Tuxpeño, Tuxpeño Norteño, Vandeño, Zamorano Amarillo, Zapalote Chico, Zapalote Grande.
Pozoles, sopas y menudos	Ancho, Blando de Sonora, Bofo, Bolita, Cacahuacintle, Chalqueño, Cónico Norteño, Dulce, Dulcillo del Noroeste, Elotes Occidentales, Gordo, Harinoso de Ocho, Jala, Mushito, Tabloncillo, Tuxpeño, Vandeño.
Atoles	Apachito, Arrocillo, Azul, Blando de Sonora, Bofo, Cacahuacintle, Chalqueño, Comiteco, Conejo, Coscomatepec, Cristalino de Chihuahua, Elotes Cónicos, Elotes Occidentales, Harinoso de Ocho, Mushito, Nal-Tel, Olotón, Pepitilla, Tehua, Tepecintle, Tuxpeño, Tuxpeño Norteño, Zapalote Gra

Tabla 2. Usos comunes de las razas nativas de maíz.

Importancia del consumo del maíz

Los mexicanos heredamos una de las tradiciones culinarias más variadas y saludables que existen en el mundo actual. No obstante, ante la "modernización" y la fuerza económica de la industria alimentaria, poco a poco se ha adoptado una dieta que incorpora significativamente alimentos procesados, menos saludables y de mayor densidad energética, lo que conduce a un consumo más frecuente de grasas saturadas, azúcares y sal (Bourges-Rodríguez, 2004; Gálvez-Mariscal y Bourges-Rodríguez, 2012). Paralelamente, ha disminuido el consumo de platillos tradicionales basados en maíz y otros cultivos ricos en nutrimentos procedentes de la milpa (Gálvez-Mariscal y Bourges-Rodríguez, 2012).

De acuerdo con cálculos recientes del Consejo Nacional de Evaluación de la Política de Desarrollo Social, el consumo diario *per capita* de tortilla es de 155.4 g en las zonas urbanas y hasta 217.9 g en las zonas rurales (CONEVAL, 2012). La importancia de la tortilla en la dieta no es menor, pues se trata de una excelente fuente de calorías y calcio (Serna-Saldívar y Amaya-Guerra, 2008) que puede proporcionar de 32 a 62 % de los requerimientos mínimos de hierro (Paredes-López *et al.,* 2009).

La importancia nutrimental del consumo del maíz en la alimentación mexicana se centra en el proceso culinario de la nixtamalización del maíz, la cual es una cocción alcalina en agua con cal, es por mucho la operación culinaria y tecnológica más sofisticada de todas y un rasgo distintivo en la cocina mesoamericana que sobrevive hasta nuestros días. No solo es la base de al menos la mitad de las preparaciones culinarias (Echeverría y Arroyo, 2000), también ha sido modernizada y adoptada por la industria de la masa y la tortilla, uno de los sectores de mayor relevancia económica en el país (SIAP, 2007). A pesar de que este proceso conduce a pérdidas de algunas vitaminas y aminoácidos por el tratamiento térmico alcalino (Bressani, 2008), la nixtamalización también induce otros cambios que desde el punto de vista nutrimental son positivos, sobre todo en lo referente a la biodisponibilidad de nutrimentos. Se ha reportado un aumento significativo en el contenido de calcio (del orden de 13 veces), el cual es biodisponible prácticamente en su totalidad (Bressani, 2008).

Importancia de la conservación del maíz criollo

La conservación de la planta nativa depende fundamentalmente de la protección que se otorgue a los agricultores en pequeña escala a través de subsidios, asesoría técnica, y con programas de desarrollo rural bien planeados y adaptados a las condiciones reales del medio (Kato *et al.*, 2009). Adicionalmente, la revalorización de los usos tradicionales y el impulso estratégico de usos novedosos, pueden contribuir notablemente a la conservación de los maíces nativos.

Los elementos básicos del modelo de plantación de la milpa son: el maíz, los frijoles y el chile; métodos de cultivo únicos en su género, como la milpa y la chinampa; procedimientos de preparación culinaria como la nixtamalización, cuya manifestación a través del taco, presente en la cocina mexicana, es un símbolo palmario de nuestra cultura.

Con base en estas consideraciones, se consideran los siguientes puntos para potenciar la demanda de las diversas razas nativas de maíz:

- Identificación de propiedades nutrimentales que confieran calidad superior a las variedades nativas, con énfasis en aquellas poblaciones que se caracterizan por una alta calidad proteínica, mayor contenido de aceite o por la presencia de componentes bioactivos.
- Desarrollo de productos novedosos con base en las características fisicoquímicas que los hacen aptos para un uso particular.
- Extracción de pigmentos con aplicaciones en diversas industrias, alimentarias y no alimentarias.
- Extracción de fracciones específicas del grano que sean de interés industrial; por ejemplo: fibras para aplicaciones alimentarias, zeínas para aplicaciones como empaques comestibles, péptidos bioactivos, almidones resistentes a la digestión, etc.

- Realización de ferias de diversidad para muestra e intercambio de semillas, así como exposición de usos y preparaciones culinarias tradicionales. Estas son actividades que contribuirán a mantener la siembra de maíces nativos en toda su diversidad, y que ya han dado resultados interesantes como lo mostraron Aragón-Cuevas *et al.* (2011).
- Adquisición de certificados de calidad o en los que se resalte alguna cualidad de interés para ciertos consumidores en particular, por ejemplo: "producto orgánico elaborado con maíces nativos".

A continuación, se enlistan las razas de maíz criollo sembradas mayoritariamente en el país. Véase Tabla 3.

Complejo racial	Raza primaria	Complejo racial	Raza primaria
Ocho hileras	Ancho Blando, Bolita, Elotes occidentales, Harinoso de ocho, Onaveño, Tablilla, Tabloncillo, Tabloncillo perla, Zamorano amarillo	Sierra de Chihuahua	Apachito, Azul, Cristalino de Chihuahua, Complejo serrano de Jalisco, Gordo
Cónico	Cacahuacintle, Chalqueño, Cónico, Cónico norteño, Dulce Elotes cónicos Mushito, Palomero toluqueño, Arrocillo amarillo	Dentados tropicales	Celaya, Pepitilla, Tepecintle, Tuxpeño, Tuxpeño norteño, Vandeño, Zapalote grande, Conejo
		Tropicales precoces	Nal-tel, Ratón, Zapalote chico
Chapalote	Chapalote, Elotero de Sinaloa, Reventador	Maduración tardía	Comiteco, Dzit-bacal, Olotillo Oloton, Tehua

Tabla 3. Razas mayoritarias de maíz criollo en el país.

Formas de cultivo de la planta

La planta de maíz, de nombre científico Zea mays, es una planta hemafrodita, ya que posee una parte masculina y otra femenina que trabajan combinado para hacer posible la reproducción de la planta.

Es un tipo de gramínea anual que se cultiva y consume desde tiempos remotos, los pueblos indígenas en especial del centro de México, consumían su mazorca. La planta de maíz suele alcanzar una altura que oscila entre 1.2 y 3 m de alto. Es el tipo de cereal que más volumen de producción a registrado en el mundo. Revista educativa Partesdel.com, equipo de redacción profesional. (2018, 06)

Partes de la planta de maíz Raíz La raíz es la parte que se encuentra debajo de la tierra, la cual absorbe todos los nutrientes y el agua que necesita la planta para su crecimiento y reproducción.

El desarrollo de este sistema radical dependerá en especial de las condiciones que presente el suelo y de la humedad. Las raíces pueden llegan a una profundidad de unos 1.80 mts cuando germinan en un suelo poroso, preparado y con excelente humedad.

Tipos de raíz en una planta de maíz Raíces de refuerzo: son muy útiles para la reducción de Acame. Estas no se pueden formar adecuadamente si la planta es desecada.

Espiga: Se encuentra en la zona superior de la planta. Esta es la que brinda el polen que fertilizará la mazorca o elote.

Seda: La seda es uno de los elementos que conforma a la parte femenina de la planta de maíz. Se crea en la parte de arriba de la hoja de maíz y se distingue por su color amarillo, verde o marrón, color que adquirirá en función a la variedad de maíz.

Panícula: Se trata de la parte masculina de la flor. Esta siempre se ubica en la cima de la planta, siendo la parte que atrae a los insectos y a las abejas.

Hojas: Cada planta de maíz por lo general llega a tener entre 16 y 22 hojas. Estas hojas se crean en cada uno de sus nodos y de forma alterna, o sea, que estas crecen en cualquier lado opuesto de la planta. Estas hojas, nombradas científicamente como Fragant Dracaena, se caracterizan por ser bien largas, donde su tamaño lo alcanzan antes de curvarse en dirección hacia abajo. Estas nacen de las mazorcas o espigas, donde cada mazorca se basa en un elote o tronco llena de filas de granos con una cantidad que varía entre ocho y treinta. Estas crecen gradualmente hasta alcanzar 10 pies de altura, justo a esta altitud la planta se transforma en una caña. Sus hojas llegan a alcanzar un largo entre 18 y 36 pulgadas.

Cáscara: Corresponde a cada hoja verde que suele cubrir y proteger a los granos de la mazorca del exterior.

Tallos: Se refiere al cuerpo principal de la planta. Éste en función de la variedad, llega a crecer a diversos metros de altura manteniendo una excelente resistencia. La planta de maiz solo posee un tallo, donde en muy pequeñas ocasiones suele presentar hijuelos. El tallo se caracteriza por ser resistente y muy estable, puntos que le permite aguantar perfectamente el peso de las mazorcas de maíz.

Está compuesto por tres capas: epidermis, la pared la médula

La epidermis: es la capa exterior, transparente e impermeable que da protección al tallo en contra de enfermedades e insectos.

Médula: se presenta como un tejido blando y esponjoso que se encuentra en la parte central del tallo. Es esta capa la que almacena todas las reservas alimenticias.

Pared: es una capa dura, leñosa y a la vez maciza que forma una serie de haces vasculares a través de las cuales viajan las sustancias alimenticias.

Floración: Se trata de la mazorca en sí que produce la planta, donde por planta solo crece una sola mazorca. Estas mazorcas por lo general crecen a una longitud entre 15 y 39 cm.

La mazorca comprende la cáscara, los granos, la seda y el olote, este último corresponde al corazón de la mazorca. La recolección de la mazorca, la cual comúnmente tambien toma el nombre de maí, se debe de realizar cuando la planta madura.

Grano: También llamado semilla, es el fruto comestible de la mazorca, el cual científicamente se llama Cariópside. Estos se encuentran bien insertados en el olote o raquis cilíndrico. La cantidad total de granos que puede tener una mazorca dependerá directamente del número de grano de hileras y de la cantidad de hileras de la mazorca. El grano suele contener glutenina y zeina.

Estigma: Se presenta como una serie de tubos que parten desde el potencial de cada uno de los granos que conforman la mazorca.

Conclusiones

La importancia de la conservación de la planta productora del maíz Criollo se considera vital puesto que en países productores como México el maíz es la base de la alimentación y base de la economía, además de que cuenta con una versatilidad importante a la hora del cultivo, sin embargo la problemática actual política y económica hacen que existan nuevas formas en el cultivo y la obtención de la semilla dejando de lado la producción de la semilla endémica por lo tanto la facilidad en cuanto a la venta de la semilla industrializada está dejando de lado la producción de especies prehispánicas y con esto afectando incluso el estado nutricional en la alimentación y descalificando al maíz criollo como el patrimonio cultural gastronómico y emblemático de la Gastronomía Mexicana.

Referencias

Bonifacio-Vázquez E I, Y Salinas-Moreno, A Ramos Rodríguez, A Carrillo-Ocampo (2005) Calidad pozolera en colectas de maíz cacahuacintle. Rev. Fitotec. Mex. 28:253-260. Bourges-Rodríguez H (2004) Abasto y consumo de alimentos: una perspectiva nutriológica. In: El Desarrollo Agrícola y Rural del Tercer Mundo en el Contexto de la Mundialización. M C Del Valle-Rivera (ed). UNAM-IIES-Plaza y Valdés. D.F, México. pp:433-451. Bressani R (2008) Cambios nutrimentales en el maíz inducidos por el proceso de nixtamalización. In: Nixtamalización del Maíz a la Tortilla. Aspectos Nutrimentales y Toxicológicos. M E Rodríguez-García, S O Serna-Saldívar, F Sánchez-Sinencio (eds). Universidad Autónoma de Querétaro. Querétaro, México. pp:19-80. CONABIO, Comisión Nacional para el Conocimiento y Uso de la Biodiversidad (2011) Proyecto global "Recopilación, generación, actualización y análisis de información acerca de la diversidad genética de maíces y sus parientes silvestres en México". Disponible en: http://www.biodiversidad.gob.mx/genes/proyectoMaices.html. (Mayo 2013)

Echeverría M E, L E Arroyo (2000) Recetario del Maíz. Cocina Indígena y Popular. Consejo Nacional para las Culturas y las Artes (CONACULTA). D.F., México. 441 p.

UNESCO, Organización de las Naciones Unidas para la Educación, la Ciencia y la Cultura (2010) La Lista Representativa del Patrimonio Cultural Inmaterial de la UNESCO se enriquece con 46 nuevos elementos, 16 de noviembre. (mayo 2013)

Diagnóstico socio-ambiental en Atexca, Zacatlán, Puebla.

Ríos Quintero Vianey[1], Mora Castañeda Emanuel[1], Luna González Guillermo Melardo[1] y Hernández Soto Felipe Neri[1]

[1]Instituto Tecnológico Superior de la Sierra Norte de Puebla. Av. José Luis Martínez Vázquez No. 2000, Col. Jicolapa, Zacatlán, Puébla. (neyos_04@hotmail.com; emc.vir@gmail.com).

Resumen

El presente estudio tuvo como objetivo realizar un diagnóstico socio-ambiental en Atexca, Zacatlán, Puebla, tomando en cuenta aspectos sociales, económicos, ambientales, históricos, culturales y territoriales, con la finalidad de determinar y aportar a los actores comunitarios su relación de ser humano y medio ambiente. Se realizaron reuniones, asambleas, convenio de colaboración, recorridos de campo, entrevistas, diálogos informales y 83 encuestas a ejidatarios (41), civiles (25), jóvenes (13) y maestros (4) de la comunidad de Atexca. La información obtenida se capturó, analizó e interpretó en función a la actividad. Como resultado se logró identificar los diferentes aspectos positivos y negativos en lo social, económico, ambiental, cultural, territorial, histórico y educativo. Se conformó un comité ambiental para dar seguimiento al proyecto. Se elaboró la historia y la estructura organizacional de los comités. Se delimitó y construyó un mapa base de la comunidad y ejido de Atexca con la participación de los actores comunitarios. Este proyecto permite detectar impactos positivos y negativos en cada dimensión. Contribuye a la participación y organización de los actores sociales para la sustentabilidad y desarrollo local; a la identificación de actitudes y relación con la naturaleza; a las posibles soluciones ambientales y demás dimensiones ligadas a la implantación de prácticas socioambientales; a mejorar la calidad de vida y su productividad rural; y, finalmente, al diseño de iniciativas en materia de educación ambiental para Atexca, Zacatlán, Puebla.

Palabras clave: Encuestas, historia, educación ambiental, participación.

Sumary

The objective of this study was to conduct a socio-environmental diagnosis in Atexca, Zacatlán, Puebla, taking into account social, economic, environmental, historical, cultural and territorial aspects, with the purpose of determining and contributing to community stakeholders their relationship of being human and environment. Meetings, assemblies, collaboration agreement, field trips, interviews,

Rafael Garrido Rosado
Sergio Hernández Corona
José Antonio Aparicio Hernández

informal dialogues and 83 surveys of ejidatarios (41), civilians (25), youth (13) and teachers (4) of the community of Atexca were held. The information obtained was captured, analyzed and interpreted according to the activity. As a result, it was possible to identify the different positive and negative aspects in the social, economic, environmental, cultural, territorial, historical and educational aspects. An environmental committee was formed to follow up on the project. The history and organizational structure of the committees were elaborated. A base map of the community and ejido of Atexca was delimited and built with the participation of the community actors. This project allows to detect positive and negative impacts in each dimension. Contributes to the participation and organization of social actors for sustainability and local development; to the identification of attitudes and relationship with nature; to the possible environmental solutions and other dimensions linked to the implementation of socio-environmental practices; to improve the quality of life and its rural productivity; and, finally, the design of initiatives in environmental education for Atexca, Zacatlán, Puebla.

Keywords: Surveys, history, environmental education, participation.

Introducción

Desde sus orígenes, la humanidad ha mantenido una estrecha relación con la naturaleza. De ella ha obtenido, a lo largo de su historia, alimentos, combustibles, medicamentos y materiales diversos, además de materias primas para la fabricación de vestido, vivienda u otro tipo de infraestructura, entre muchos otros productos.

Ante ello, la globalización o el modelo de desarrollo económico actual ha traído varios aspectos positivos pero de igual manera una serie de problemas ambientales (crisis planetaria) como la pérdida de suelos, recursos hídricos, contaminación de residuos sólidos peligrosos y no peligrosos, contaminación visual, cambio climático, deforestación, pérdida de diversidad biológica, cultural, étnica, religión, entre otros, los cuales han afectado gravemente la vida de nuestro planeta (ecosistemas, formas de vivir, etc.). Por lo que el mundo se está enfrentando a varios problemas, particularmente a una etapa de degradación de los ecosistemas naturales; sin embargo, algo que hay que resaltar es que la mayoría de los agricultores, silvicultores en el mundo en desarrollo, se encuentran atrapados en un espiral descendente de pobreza suscitada por factores que están fuera de su control como la globalización, el colapso de los precios, el cambio climático, la vulnerabilidad frente a los desastres naturales o los entornos de comercio injusto (Guerrero y González, 2013).

Particularmente, los bosques son un recurso valioso para el esparcimiento de las poblaciones urbanas y además tienen gran importancia como recurso educativo y fuente de datos para la investigación científica. Los bosques en México son zonas habitadas, existen cerca de 8,420 comunidades forestales que representan entre 13 y 15 millones de habitantes que dependen en gran medida de sus recursos naturales como la base de sus economías (Merino, 2004).

Sin embargo, la deforestación, así como otras causas han generado una disminución en el bienestar de los usuarios del bosque y de los servicios que brinda, alterando el clima local, la dinámica de las cuencas y destruyendo grandes reservas de combustible, forraje, alimento y materiales de construcción (Gibson, 2000, citado por Monroy, 2013).

Por su parte, la importancia local y nacional que tienen los bosques, las sociedades a lo largo del tiempo y en distintos lugares han desarrollado esquemas específicos para relacionarse con sus áreas forestales. Las comunidades poseedoras de bosques desempeñan un papel clave en las condiciones de los recursos que poseen y actualmente se reconocen como los principales responsables del manejo de los ecosistemas en los cuales están inmersos (Castillo *et al.*, 2009).

La Educación Ambiental (EA) se presenta como una herramienta elemental para que toda la humanidad adquiera conciencia de la importancia de preservar su entorno y sean capaces de realizar cambios en sus valores, conducta y estilos de vida, así como ampliar sus conocimientos para emplearlos en una movilización que garantice a prevención y mitigación de los problemas existentes y futuros; por ello, concebimos a la EA, entre otras corrientes, como resolutiva (habilidades para resolver problemáticas ambientales) y práxica (acción, por y para mejorarlas) (Espejel y Flores, 2012). En términos generales, el objetivo básico de la Educación Ambiental, consiste en educar para la búsqueda de soluciones a los problemas ambientales. La diversidad y complejidad de los conflictos ambientales hacen necesario el análisis multidisciplinario de los mismos y el manejo de una gran variedad de conocimientos teóricos y prácticos que permitan adquirir una perspectiva profesional respecto a esta realidad (Abreu, 2009).

Ante lo anterior, un diagnóstico ambiental, permite determinar el impacto causado sobre los componentes ambientales (agua, aire, suelo, fauna, flora) y factores culturales, etc. (Díaz, 2014). Por lo que el presente diagnóstico, tuvo como objetivo determinar la relación ser humano y medio ambiente en Atexca, Zacatlán, Puebla, así mismo conocer en los ciudadanos de esta población aspectos culturales, sociales, económicos, ambientales y territoriales, su proceso de cambio ante este desarrollo económico, modernidad, su historia, su forma de organización y su territorio.

Metodología

Descripción del área de estudio

Atexca es una población perteneciente al municipio de Zacatlán, a unos 14 kilómetros de la ciudad sobre la carretera federal Zacatlán-Huauchinango y limita al norte con Metepec, al sur con Ayotla, al poniente con Metepec 2ª. Sec., y al oriente con Matlahuacala. Se encuentra en las coordenadas GPS: Longitud (dec): -98.058611, Latitud (dec): 19.960278 a una altura de 2650 metros sobre el nivel del mar (msnm).

La población total de Atexca es de aproximadamente de 316 personas, de cuales 113 son masculinos y 203 femeninas. Así mismo, existen 47 ejidatarios.

De acuerdo a la clasificación de la FAO- UNESCO, adaptada por INEGI, la geología del lugar tiene su origen en la era Cenozoica, dentro del periodo Terciario Superior, el principal grupo de rocas que se presentan son las Ígneas Extrusivas, representadas por la Toba ACIDA. El tipo de suelo predominante en el lugar es el Andosol Húmico (Th).

El clima se describe como un clima templado sub-húmedo con abundantes lluvias en verano, con temperatura media anual entre 12 y 18°C y temperatura media del mes más frio entre -3 y 18°C, con precipitación del mes más seco menor a 40 milímetros y un porcentaje de lluvia invernal menor a 5% de la anual.

Técnicas e instrumentos

La investigación implico la utilización y recogida de una gran variedad de información y materiales que continuación se describen.

Recorridos de campo

Se realizó un recorrido de campo, con el cual se conoció el área en el que se levantaría la información, esta etapa se lleva a cabo en todos los diagnósticos participativos ya que se realiza desde dentro del área de estudio, involucrando al investigador con los actores que quiere estudiar, pero manteniendo cierta distancia para no perder la actitud crítica propia de un investigador Taylor y Bogdan (1996).

Formación de comité ambiental

Se decidió formar un comité para que se le pueda dar seguimiento al diagnóstico socio-ambiental, este comité se eligió al término de una asamblea general del ejido, los integrantes fueron propuestos por los mismos ejidatarios.

Encuestas a ejidatarios, civiles y jóvenes

Se realizaron encuestas semiestructuradas ya que en estas existe un tema de interés hacia el que se va orientando la conversación, pretendiendo responder cuestiones concretas, por lo que requiere ser estructurada (Sierra, 1998).

Previo a la realización de las encuestas se realizaron 6 pruebas piloto las cuales contemplaron 3 mujeres y 3 hombres en un rango de edad de 20 a 60 años, se realizó a personas civiles y esto nos permitió hacer ajustes y modificaciones en la estructura y permitió estimar tiempo para cada encuesta. Posterior a esto se realizaron 41 encuestas a ejidatarios de un total de 47 siendo 32 hombres y 9 mujeres, al igual se aplicaron a 25 encuestas a civiles de las cuales fueron a 8 hombres y 17 mujeres, así mismo se encuestaron a 13 jóvenes siendo 8 hombres y 5 mujeres, en un rango de edad 15 a 25 años. Las encuestas realizadas a ejidatarios, civiles y jóvenes contemplaron el mismo formato el cual contenían una serie de preguntas cerradas y abiertas, contemplando 94 preguntas cerradas y 46 preguntas abiertas siendo un total de 140 preguntas. La realización de estas se hizo visitándolos en sus casas, cabe mencionar que las encuestas a ejidatarios y jóvenes se pudieron realizar en fines de semana ya que eran los días en los que se podían encontrar en sus hogares, es preciso mencionar que al igual se tuvieron algunas complicaciones en relación a los jóvenes ya que por sus actividades era muy difícil encontrarlos en sus hogares o no contaban con la disponibilidad para atendernos y en relación a civiles se realizaron las encuestas entre semana por lo que se encontró a un número mayor de mujeres en sus hogares.

Encuestas a maestros

Previo a la realización de las encuestas se realizaron 2 pruebas piloto las cuales contemplaron a una maestra y a un maestro de otra localidad, esto nos permitió hacer ajustes y modificaciones en la estructura y permitió estimar tiempo para cada encuesta. Las encuestas fueron realizadas en las tres instituciones que existen en Atexca, en las cuales se encuesto a la maestra del colegio Juana de Arco, escuela preescolar, al maestro del colegio Agustín M. Cano, escuela primaria y a dos maestros del colegio Cuauhtémoc, escuela secundaria. Las encuestas eran semiestructuradas ya que contenían una serie de preguntas cerradas y abiertas, contemplando 41 preguntas cerradas y 16 preguntas abiertas siendo un total de 57 preguntas, de los contextos territorial, ambiental, social, económico, histórico, educativo y cultural.

Elaboración de un diagrama o estructura organizacional.

En toda localidad existen distintas formas de organización que abarcan campos de la vida social como la producción, cultural, lo político y lo religioso. Y como para desarrollar cualquier acción en una localidad es de importancia conocer las formas organizativas existentes, de que se ocupan los distintos grupos, organizaciones e instituciones puesto que son el contexto en que se van a insertar las nuevas acciones. En esta etapa se convocó por medio del juez de paz y presidente ejidal a todos los integrantes de comités de la parte social, educativa y religiosa a una pequeña reunión en la escuela primaria de la localidad. Con estos participantes se logró obtener la información necearía para elaborar-construir el diagrama comunitario o estructura organizacional.

Realización de Historia de Atexca

Se realizó la historia de la localidad para conocer como fue la vida de otras culturas y sociedades que por más lejanas que puedan ser contribuyen a nuestro crecimiento como personas capaces de conocer, de comprender, de racionalizar la información y de tomar esos datos para seguir construyendo día a día una nueva realidad. Para realizar esta historia se entrevistaron a personas mayores en sus hogares, contemplando temas específicos como fue el poblamiento de la localidad, relación con el medio ambiente, la producción, el transporte, la comunicación, la organización de la localidad, la vida ciudadana entre otros aspectos.

Realización del mapa de Atexca

Para la realización del mapa se requirió del levantamiento de coordenadas UTM (WGS 84) las cuales se obtuvieron con dos GPS, el levantamiento de las mismas requirió de la realización de recorridos para delimitar la localidad, y fue posible gracias a que en estos recorridos nos acompañaron algunos integrantes del comité ambiental y habitantes de la misma localidad que nos guiaron en las limitaciones de su territorio. Este mapa se realizó con el fin de que cuenten la población con la representación gráfica de su territorio.

El trabajo de gabinète contemplo varias etapas las cuales se describen a continuación.

Captura y proceso de la información de encuestas, entrevistas entre otros instrumentos.

Esto estuvo de acuerdo con la estructura e instrumento de recolección de información: datos generales, condiciones sociales (Educación, Alimentación, vivienda), económicas (empleo, ingresos, tecnología), ambientales, reuniones, entre otras. La captura pudo realizarse de la siguiente forma:

- Agrupación: Se agruparon todas las respuestas similares o con gran parecido, de tal manera que la información obtenida puedo manejarse con mayor comodidad, tratando que los grupos que la conforman no fueron demasiados y se hizo fácil el proceso. Categorización: Conllevo al señalamiento de las categorías o ítems en que estas respuestas se concentraron.

- Tabulación: Consistió en la contabilización de cada una de las preguntas para determinar numéricamente las respuestas obtenidas.

Resultados

A continuación, se presentan los resultados de los trabajos realizados con la población de Atexca, en el orden en que se fueron alcanzando.

Formación de un Comité de Diagnóstico Ambiental

Se logró formar un comité de Diagnosticó ambiental que lo integra un presidente, vicepresidente, secretario, tesorero, un vocal de secretario y un vocal de tesorero. Estas personas tienen una gran responsabilidad ya que sé debe trabajar en conjunto para conocer las principales potencialidades y problemas de la localidad para que los ciudadanos tengan conocimiento del estado ambiental de la misma. Al igual para que den seguimiento a la realización un plan de acción que resuelva los problemas diagnosticados y contribuir a la sustentabilidad y desarrollo local de la comunidad de Atexca.

Entrevistas semiestructuradas, encuestas, diálogos informales a ejidatarios(as), civiles, jóvenes y maestros.

Con los instrumentos de medición se logró detectar los diferentes problemas que aquejan a la población de Atexca, como lo es la presencia de contaminación en las calles, la falta de un terreno destinado para ser área verde, con respecto a la parte económica el sueldo de los habitantes es bajo, debido a que sus actividades económicas son en la agricultura y ganadería, aunado a esto se percibe que se cuenta con un bajo nivel cultural, ya que la mayoría de personas solo cuentan con estudios primarios. Este diagnóstico igual permitió detectar aspectos positivos, ya que se considera que ha mejorado la localidad en lo que se refiere a infraestructura, acceso y servicios, hablando de servicios ya se cuenta con el servicio de agua, electricidad, transporte, por otro lado manifiestan que se debe seguir aumentando la cantidad y calidad de servicios tales como: servicios de salud, calles y servicios de drenaje los cuales se consideran como primordiales para mejorar su calidad de vida, además consideran que esta localidad es un buen lugar para vivir, ya que es un lugar tranquilo y no existe mucha delincuencia, se logró identificar que los civiles, ejidatarios y jóvenes siguen conservando algunas tradiciones y costumbre, ya que la mayoría de habitantes profesan una religión sobresaliendo la católica, así mismo la mayoría de personas utilizan alguna planta para uso medicinal y estos conocimientos se siguen trasmitiendo principalmente a los hijos, al igual siguen celebrando el día de muertos y festividades de navidad. Por otra parte los alumnos de la localidad reciben educación con respecto al medio ambiental, así lo argumentan los maestros siendo de gran importancia ya que les permiten a las y los estudiantes asociatividad en el conocimiento con la vida cotidiana.

Historia de Atexca

La realización de la historia fue gracias a personas mayores que nos compartieron de sus conocimientos, vivencias y recuerdos. Tales personas fueron Don Ezequiel García, Doña Feliz Lobato, Don Ebodio Gutiérrez, Doña Hermelinda Sánchez, Don José Delfino, Doña Rosenda Galeote, Doña Socorro Hernández y Doña Delfina Galeote. La historia que se realizó es y será importante para conocer como fue la vida de otras culturas y sociedades que por más lejanas que puedan ser contribuyen a nuestro crecimiento como personas capaces de conocer, de comprender, de racionalizar la información y de tomar esos datos para seguir construyendo día a día una nueva realidad.

Elaboración de mapas base de Atexca, Zacatlán, Puebla.

Esta actividad comunitaria consistió en elaborar de manera colectiva mapas de la comunidad y del ejido de Atexca, dado que se tiene el desconocimiento de los límites colindantes con otras comunidades y ejidos. Esta acción representó un aporte importante del proyecto, pues no existía información cartográfica, así que lo hecho significará una gran utilidad para la población, pues es la representación gráfica del territorio comunitario. Se realizaron mapas de colindancia, climas, usos de suelo, entre otros, de Atexca, lo cual permitió o permitirá detectar cuáles han sido los acciones o prácticas que han mejorado o disminuido en los impactos a los ecosistemas naturales de Atexca. Es decir, este ejercicio colectivo permitió también ver y analizar los cambios positivos o negativos que se han tenido en la comunidad y el ejido en los diferentes tipos y usos de suelo y vegetación. El producto final será muy útil para valorar e identificar las potencialidades y limitaciones de los recursos de sus ecosistemas y así poder planificar y mejorar la administración de su territorio y los diferentes espacios que éste tiene.

Conclusiones

- El proyecto cumplió sus objetivos, aunque se reconoce que quedaron pendientes a seguir trabajando, sobre todo el que corresponde a la formulación participativa de un Diagnóstico local de Atexca, con el cual fue posible identificar y analizar aspectos positivos y negativos existentes en el contexto ambiental, social, económico, histórico, culturales y territoriales de la población de la citada comunidad.
- Tanto el citado Diagnóstico (que implicó organizar un comité comunal) como la elaboración de la historia de la comunidad, el análisis de la estructura y dinámica organizativa y la generación de mapas han surgido con la finalidad de aportar información que favorezca a la población local. Los datos y propuestas construidas son resultado de la aplicación de encuestas-entrevistas, entre otros instrumentos.
- El presente proyecto ha permitido confirmar que Atexca enfrenta problemas sociales y ecológicos, algunos de los cuales se han venido agudizando en los últimos años. Pero la solución a éstos no será posible si la propia población no realiza esfuerzos por comprender la problemática que enfrenta y, a partir de ello, genera propuestas de solución,

pues también ha sido posible identificar sus capacidades y fortalezas. El presente proyecto es una contribución, limitada pero importante en este sentido. Se ubicaron problemáticas sociales y ambientales, por lo que es importante elaborar algunas propuestas como por ejemplo un Programa General Comunitario de Educación Ambiental, el cual debe profundizarse más y validar más detenidamente con toda la población de Atexca, Zacatlán, Puebla.

- Aunque resulta obvio, cabe enfatizar que el presente proyecto sólo es una modesta contribución al proceso de construcción de la sustentabilidad de Atexca, pues el reto es mayúsculo y se requiere de muchos más estudios, por demás indispensable, pero también de procesos educativos más sólidos, de instituciones comunitarias y gubernamentales más competentes para la comprensión de las realidades locales y la formulación de salidas técnica y socialmente viables y de alta calidad. En tal sentido, presente proyecto no es una contribución trivial o realizada sin compromiso, pero tampoco puede sobredimensionarse, pues si no se formulan y fortalecen políticas públicas para la sustentabilidad local, organización social comunitaria, programas sectoriales, presupuesto y una educación ambiental más extendida y profunda, un esfuerzo como el presente se puede perder a la vuelta de poco tiempo.

Referencias

Abreu, S. A. R. (2009). Desarrollo de la materia Educación ambiental. Recuperado de http://www.monografias.com/trabajos69/desarrollo-materia-educacion-ambiental/desarrollo-materia-educacion-ambiental.shtml.

Caballero, F. S. (1998). Función y sentido de la entrevista cualitativa en investigación social. In Técnicas de investigación en sociedad, cultura y comunicación (pp. 277-346). Addison Wesley Longman.

Castillo, A., Godínez, C., Schroeder, N., Galicia, C., Pujadas-Botey, A., & Martínez, L. (2009). Los bosques tropicales secos en riesgo: conflictos entre el desarrollo turístico, el uso agropecuario y la provisión de servicios ecosistémicos en la costa de Jalisco, México. Interciencia, 34, 844-850.

Díaz, Aleida. (2014) Diagnostico ambiental de la zona ribereña de la localidad Dr. Manuel Velasco Suarez II. Ocozocoautla de Espinoza Chiapas: Universidad Nacional Autónoma de México. [PDF Portable Document Formt]. Disponible en: http://entorno.conanp.gob.mx/tesis_2014/aleida_diaz_castellanos.pdf.

Espejel, R. A., y Flores Hernández, A. (2012). Educación ambiental escolar y comunitaria en el nivel medio superior, Puebla-Tlaxcala, México. Revista Mexicana de investigación educativa, 17(55), 1173-1199.

Guerrero P. A. G., y González M C (2013). Diagnóstico ambiental participativo en la comunidad de Agua Blanca, Zinacantepec, Estado de México. Comunidades y Recursos Naturales. Gestión del Desarrollo Rural. 1era edición. Universidad Autónoma del Estado de México. Estado de México. (pp. 433-465).

Merino-Pérez, L. (2004). Conservación o Deterioro: El impacto de las políticas públicas en las instituciones comunitarias y en las prácticas de uso de los recursos forestales. Instituto Nacional de Ecología.

Monroy, A. (2013). Historia, uso y manejo de los bosques en un ejido de la región Chamela-Cuixmala, Jalisco. Centro De Investigaciones En Ecosistemas UNAM.

Profepa, Semarnat. (2012) Informe de la situación del medio ambiente. México. [PDF Portable Document Formt]. Disponible en: http://apps1.semarnat.gob.mx/dgeia/informe_12/pdf/Informe_2012.pdf

Sierra, Felipe. (1998) "Función y sentido de la entrevista cualitativa en investigación social" en Técnicas de investigación en sociedad, cultura y comunicación. México. [PDF Portable Document Formt]. Disponible en:https://dialnet.unirioja.es/servlet/libro?codigo=2049

Taylor, S. & Bogdan, R. (1996) Introducción a los métodos cualitativos de investigación: la búsqueda de significados (Trad. de J. Piatigorsky), Buenos Aires: Paidós.

Extracción de pectina a partir de la guayaba *Psidium cattleianum*

Hidalgo-Cortés Marisol, Ramos-Perfecto
Valentina, Torres-González Adrián

Instituto Tecnológico Superior de la Sierra Norte de Puebla

sol12sol.mhc@gmail.com, vrp.itssnp@gmail.com, adrian_tg5@hotmail.com

---

Resumen

Actualmente el mercado alimentario está saturado de aditivos químicos con funciones Gelificantes, espesantes, emulsificantes, entre otros. Sin embargo, el uso indiscriminado de éstos ha generado diversos daños a la salud del consumidor, por tal motivo es de vital importancia la búsqueda de nuevas fuentes naturales de éstos componentes para contrarrestar dicho daño al consumidor. Una de estas fuentes de polisacáridos con todas estas funciones en específico la pectina la podemos obtener de la guayaba (Psidium cattleianum) la cual es una excelente opción para sustituir a la pectina comercial. Dicha fruta no se ha estudiado tan extensamente como otras especies, tales como la especie Guajava, sin embargo, los componentes volátiles de la fruta se han cuantificado y caracterizado. *Psidium cattleianum*, conocida como cas dulce, guayaba japonesa, guayaba peruana y guayaba fresa, es un árbol originario de América del Sur. Estudios preliminares en esta especie han sugerido una elevada actividad antioxidante, un alto contenido fenólico y un gran potencial nutricional y funcional. Debido a lo anterior el objetivo del presente trabajo de investigación es extraer la pectina a partir de Psidium cattleianum, que se llevó a cabo mediante la implementación de dos tratamientos, de acuerdo a los datos se determinó un elevado porcentaje de éste polisacárido en el tratamieto número 2.

Palabras clave

Psidium cattleianum, pectina, emulsificante gelificante.

Abstract

Currently the food market is saturated with chemical additives with gelling functions, thickeners, emulsifiers, among others. However, the indiscriminate use of these has generated different results. One of these sources of polysaccharides

Rafael Garrido Rosado
Sergio Hernández Corona
José Antonio Aparicio Hernández

with all these functions in the pectin can be obtained from the guava (Psidium cattleianum) which is an excellent option to replace the commercial pectin. This fruit has not been studied as much as other species, such as the Guajava species, however, the volatile components of the fruit have been quantified and qualified. Psicium cattleianum, Japanese guava, Peruvian guava and strawberry guava, is a tree native to South America. Preliminary studies in this species have suggested antioxidant activity, high phenolic content and great nutritional and functional potential. The objective of this research work is that of Psidium cattleianum research, which is seen through the application of treatments, agreements and data. two.

Keywords

Psidium cattleianum, pectin, gelling emulsifier

Introducción

La pectina es un coloide por excelencia que tiene la propiedad de absorber una gran mayoría de cantidad de agua. Pertenece al grupo de los polisacáridos y se encuentra en la mayoría de los vegetales, especialmente en frutas como naranja, toronja y limón. La pectina se deposita principalmente en la pared primaria y en la lámina media, siendo los tejidos mesenquimáticos y parenquimáticos particularmente ricos en dicha sustancia, teniendo la función de cemento intercelular. Juega un papel fundamental en el procesamiento de los alimentos como aditivo y como fuente de fibra dietética. Los geles de pectina son importantes para crear o modificar la textura de compotas, jaleas, confites y productos lácteos bajos en grasa. Es también utilizada como ingrediente en preparaciones farmacéuticas como antidiarreicos, desintoxicantes, entre otros. Además, ésta reduce la intolerancia a la glucosa en diabéticos e incluso bajan el nivel del colesterol sanguíneo y de la fracción lipoproteica de baja densidad (R D'Addosio, Páez, Marín, Mármol, & Ferrer, 2005).

Químicamente se puede definir que la pectina es un heteropolisacárido con ácido galacturónico. Se caracterizan por su contenido o material de uronida, su grado de esterificación y su grado de polimerización (DP) o alguna cualidad relacionada con él (viscosidad, resistencia del gel).

Las medidas usualmente hechas para expresar estas características solo dan valores promedio. En algunas ocasiones, también se realizan los siguientes análisis: grado de acetilación, azúcares neutros y poder gelificante. (Sakai, Sakamoto, Hallaert, & Vandamm, 1993) En 1959 un comité especial del Institute of Food Technologist estudió el problema de la estandarización de las pectinas comerciales que se estaban utilizando. El método de estandarización de las pectinas de alto índice de metoxilo propuesto por este Instituto es el utilizado para definir el grado de gelificación de una pectina. Las pectinas comerciales de alto índice de metoxilo están estandarizadas a 150 grados SAG.

Hay que distinguir dos tipos de pectinas con características y comportamientos distintos: pectinas de alto índice de metoxilo, conocidas como pectinas HM (High metoxil) y pectinas de bajo índice de metoxilo, o pectinas LM (Low metoxil).

Las características de composición y de funcionamiento de las pectinas HM son las siguientes: tienen más del 50% de grupos carboxílicos esterificados; son capaces de formar geles en productos con más del 55% de azucares, a pH entre 2.2 Y 3.3 y con un contenido en pectina del 0.3 al 0.5%.

Las pectinas LM tiene menos del 50% de grupos carboxílicos esterificados, y son capaces de formar geles con bajos contenidos de azucares y a pH más alto. Se utilizan en la elaboración de mermeladas, confituras light y otros tipos de preparados de frutas con contenidos en azucares por debajo del 50-55% (Boatella, Codony, & López, 2004)

La guayaba de fresa (Psidium cattleianum), Myrtaceae, es una fruta nativa de Brasil y se puede encontrar en lugares desde Minas hasta Rio Grande do Sul y la región noreste de Uruguay (Biegelmeyer, *y col.*, 2011).

Es una fruta redonda que puede tener una coloración verde, amarilla o roja o según la especie. La pulpa es blanca, amarilla o roja, mucilaginosa, aromática y contiene muchas semillas. Cuando el árbol está en condiciones selváticas, tiene un buen desarrollo en suelos húmedos y no depende tanto del clima, ya que es resistente al añublo, con un tiempo de cosecha entre enero y mayo (Haminiuk, Sierakowski, Vidal, & Masson, 2005).

El cv. Irapua da frutos con un color rojo púrpura y de tamaño mediano a grande, y una producción que comienza 2 años después de la siembra (Biegelmeyer, *y col.*, 2011).

Las pocas investigaciones de araçá sugieren un potencial nutricional y funcional. Aunque tradicionalmente se lo aprecia por sus atributos sensoriales y sus propiedades funcionales esperadas, araçá aún está poco caracterizado y se dispone de información científica limitada sobre la fruta. A nuestro leal saber y entender, no se ha realizado una caracterización más detallada de araçá. Al igual que otras frutas, araçá tiene atributos sensoriales óptimos cuando se cosecha maduro. Sin embargo, araçá es altamente perecedero y dura de uno a dos días a temperatura ambiente (Lisboa, y otros, 2011).

Actualmente, la planta se cultiva en muchos países, donde se ha adaptado fácilmente a una variedad de climas. En climas tropicales, a menudo se encuentra creciendo a mayores alturas, donde la temperatura media no es demasiado fría. La variedad amarilla crece a elevaciones ligeramente más bajas. En Brasil, P. cattleianum es conocido por varios nombres populares, incluyendo "aracá, aracá-rosa, aracá-de-comer y aracá'-da-praia". (Biegelmeyer, y col., 2011).

Metodología

Materia prima

Las materias primas a utilizar fueron guayabas de de la variedad *Psidium cattleianum*, en estado óptimo de madurez, los cuales se adquirieron de producciones realizadas en la comunidad de Tenango de las Flores, Huauchinango, Puebla. Se tomarán sólo aquellos frutos sanos y sin daños mecánicos, con un total de 10-15 kg aproximadamente como población.

Tratamiento de la materia prima

Se dará un pretratamiento a las guayabas con la finalidad de remover posibles restos de impurezas, así como el pedúnculo y de esta forma evitar residuos en el producto final.

Tratamiento 1: Se pesó la cantidad de muestra, posteriormente se realizó un seccionado en rojadas, se llevó a estufa de secado (60°C/24 h) y se pulverizó.

Tratamiento 2: Se pesó la cantidad de muestra, posteriormente se licuó y se filtró.

Inactivación de enzimas pécticas

Con el propósito de hacer más eficiente el proceso de extracción se inactivaron las enzimas pécticas presentes en la guayaba, aplicando dicha inactivación al tratamiento número 2. Se realizó un escalde a la pulpa (1 L/300 g de pulpa) elevando la temperatura a 85 °C/3 min. Posteriormente se realizó un filtrado para obtener pulpa y se sometió a secado (60°C/24 h).

Esta etapa ayudará a eliminar suciedades o microorganismos presentes en la guayaba y evitará que la muestra se madure mientras se realizan los diferentes ensayos experimentales para obtener la pectina.

Hidrólisis ácida

Para realizar la extracción de pectina se utilizarón 158 g y 42g de muestra seca y pulverizada, del tratamiento 1 y tratamiento 2 respectivamente a las cuales se les añadió agua destilada (40 g muestra/800 ml agua destilada) y se les adicionó ácido cítrico hasta obtener un pH 2. Posteriormente se elevó temperatura a baño maría (73°C/60 min), con agitación constante para evitar la precipitación. Pasado el tiempo, las mezclas se enfriaron por debajo de los 25°C y se realizó una filtración utilizando manta de cielo, para separar al material sólido del líquido.

Precipitación

Se realizó la etapa de precipitación en los dos tratamientos, en esta etapa se realizaró la precipitación de la pectina, utilizando alcohol etílico al 96 %, mediante agitación lenta y constante, posteriorene se dejó reposar la mezcla durante 30 minutos para que la pectina precipitara. Se realizó un filtrado utilizando manta de cielo y posteriormente una centrifugación y por ultimo se llevó a a estufa de secado (40°C/12 h).

Estabilización y molienda

La pectina seca se llevó a una molienda utiliando licuadora de polvos y se procedió a un envasado hermético utlizando recipiente plástico para su almacenamiento en un lugar libre de humedad.

Resultados y discusión

Materia prima

Se adquirió y utilizó guayaba de la variedad *Psidium cattleianum*, con un estado óptimo de madurez (Fig. 1), específicamente de la comunidad de Tenango de las Flores, Huauchinango, Puebla. Utilizando un total de 10-15 kg.

Fig. 1. Guayaba Psidium cattleianum

RAFAEL GARRIDO ROSADO
SERGIO HERNÁNDEZ CORONA
JOSÉ ANTONIO APARICIO HERNÁNDEZ

Tratamiento de la materia prima

Se realizó un seccionado de la guayaba, en pequeñas rodajas para que el proceso de secado de la misma fuera más rápido y homogéneo y de esta manera tener un pulverizado lo mas homogéneo posible. Por otro lado, y con la finalidad de comparar rendimientos de extracción de pectina a partir de guayaba se optó por utilizar la materia prima molida y pulverizada. Todo esto con la finalidad de aumentar la exposición de la pectina con el ácido cítrico.

Hidrólisis, precipitación, estabilización y molienda.

Durante la etapa del secado se empleó el cristalizador, ya que favorece a la deshidratación de un líquido, una vez obtenida la pectina seca se procedió a realizar la molienda en morteros para disminuir el tamaño de la hojuela y por último se utilizó una licuadora para polvos. Para determinar el rendimiento de pectina se utilizó la siguiente fórmula:
Fórmula

En el tratamiento 1 se utilizaron 158 g de muestra, de la cual se obtuvo un rendimiento del 11 % que equivale a 8.67 g de pectina (Fig. 2). Para el tratamiento 2 se utilizaron 42 g de materia seca y pulverizada, de la cual se obtuvo un rendimiento del 5.5 % que equivale a 4.65 g de pectina.

Figura 2. Precipitación y pulverización de pectina.

Agradecimiento

Agradecemos al Instituto Tecnológico Superior de la Sierra Norte de Puebla por las instalaciones prestadas para llevar a cabo este proyecto de investigación.

Conclusiones

- La guayaba Psidium cattleianum es excelente alternativa para extraer pectina.
- En el tratamiento 1 se obtuvo un rendimiento del 11% y en el tramiento 2 se obtuvo un 5.5%.
- La pectina obtenida cumple con los parámetros físicos de una pectina comercial.

Referencias

Biegelmeyer, R., Mello, J., Boy, A., Anders, M., Remy, R., Marin, R.,... Amélia, H. (2011). Comparative Analysis of the Chemical Composition and Antioxidant Activity of Red (Psidium cattleianum) and Yellow (Psidium cattleianum var. lucidum) Strawberry Guava Fruit. *Journal of Food Science*, C991-C996.

Boatella, J., Codony, R., & López, P. (2004). *Química y bioquímica de los alimentos II.* España: Publicacions I Edicions de la Univesitat de Barcelona.

Haminiuk, C., Sierakowski, M., Vidal, J., & Masson, M. (2005). Influence of temperature on the rheological behavior of whole aracá pulp (Psidium cattleianum sabine). *LWT- Food Science and Technology*, 426-430.

Lisboa, A., Reckziegel, L., Clasen, F.,

Salvador, M., Rui, Z., Padilha, W.,... Valmor, C. (2011). Araçá (Psidium cattleianum Sabine) fruit extracts with antioxidant and antimicrobial activities and antiproliferative effect on human cancer cells. *Food Chemistry*, 916-922.

R D'Addosio, R., Páez, G., Marín, M., Mármol, Z., & Ferrer, J. (2005). Obtención y caracterización de pectina a partir de la cáscara de parchita (Passiflora edulis f. flavicarpa Degener). *Revista de la Facultad de Agronomía*.

Sakai, T., Sakamoto, T., Hallaert, J., & Vandamm, E. (1993). Pectin, Pectinase, and Protopectinase: Production, Properties, and Applications. *Advances in Applied Microbiology*, 213-294.

Uso de Técnicas de Planeación Estratégica en Mipymes del Sector Textil en Tlaxcala

Flores Pérez Hugo, Morales Tamanis Abraham, Ortiz Ramos Roció

Instituto Tecnológico Superior de la Sierra Norte de Puebla. Av. José Luis Martínez Vázquez, No. 2000, Jicolapa, Zacatlán, Puebla, 73310.

hugoflores33@gmail.com, abrahammrls@gmail.com, rocioortizramos@gmail.com

Resumen

La planeación estratégica en el ámbito empresarial, es una herramienta administrativa muy importante, que puede hacer que ocurran las cosas en el futuro, actúa como un instrumento para alcanzar los objetivos fundamentales de cualquier organismo social, público o privado.

Como parte de la ciencia administrativa la planeación tiene principios como: factibilidad, flexibilidad y precisión; además, usa técnicas que van desde las más elementales como: políticas, programas, reglas administrativas, y establecimiento de objetivos, por mencionar algunos que deben tener y practicar la dirección de las pequeñas y medianas empresas. Otras técnicas que hoy en día se consideran fundamental establecer son: la misión y la visión en las empresas aunque existe más técnicas que en el presente estudio se analizarán.

El siguiente trabajo tuvo como objetivo analizar los estilos de planeación que tienen los gerentes del sector textil, y las técnicas de planeación más utilizadas. La metodología utilizada fue la investigación documental para la revisión de literatura, y la investigación de campo, durante la aplicación de cuestionarios, entrevistas directas y vía telefónica a los gerentes y dueños del sector textil del Estado de Tlaxcala. Los resultados obtenidos permiten conocer cuáles son los tipos de planes que prefieren los dueños de las empresas y el grado de planeación practicada en las empresas visitadas del ramo textil.

El panorama de los resultados obtenidos muestra la baja aplicación que tienen las técnicas de planeación en general como parte del proceso administrativo. Y en particular la baja aplicación y uso de las técnicas de planeación estratégica en las MIPYMES (Micro, pequeñas y medianas empresas) del sector textil del Estado de

Tlaxcala. Situación que hace que su existencia y sobrevivencia empresarial tenga un panorama difícil y muy vulnerable ante el nuevo contexto de la economía global.

Palabras claves: Planeación, estrategia, proceso, técnicas, objetivos.

Abstract

Strategic planning in the business field is a very important administrative tool that can make things happen in the future, acting as an instrument to achieve the fundamental objectives of any social organization, public or private.

As part of the administrative science, planning has principles such as: feasibility, flexibility and precision; In addition, it uses techniques that range from the most elementary ones such as: policies, programs, administrative rules, and establishment of objectives, to mention some that should have and practice the direction of small and medium enterprises. Other techniques that are considered fundamental today are: mission and vision in companies although there are more techniques than in the present study will be analyzed.

The following work aimed to analyze the styles of planning that the managers of the textile sector have, and the most used planning techniques. The methodology used was the documentary research for the literature review, and the field research, during the application of questionnaires, direct interviews and by telephone to the managers and owners of the textile sector of the state of Tlaxcala. The obtained results allow to know which are the types of plans that the owners of the companies prefer and the degree of planning practiced in the visited companies of the textile branch.

The panorama of the results obtained shows the low application of planning techniques in general as part of the administrative process. And in particular the low application and use of strategic planning techniques in MSMEs (Micro, small and medium enterprises) of the textile sector of the state of Tlaxcala. Situation that makes its existence and business survival have a difficult and very vulnerable scenario in the new context of the global economy.

Keywords

Planning, strategy, process, techniques, objectives.

Introducción

En el contexto de la economía global internacional, consideramos importante el papel y la función administrativa que desarrollan los dueños o gerentes en la dirección de las micro, pequeñas y medianas empresas en el país. La planeación es una herramienta útil, para los gerentes de las empresas que hacen posible que se cumplan los objetivos empresariales.

El problema de investigación consistió en saber, porque los gerentes de las MIPYMES del sector textil del Estado de Tlaxcala, han dejado de utilizar la planeación estratégica como herramienta en la toma de decisiones, la hipótesis fue la falta de uso de técnicas de planeación estratégica, ha ocasionado la baja competitividad en las MIPYMES en el Estado de Tlaxcala. Conocer ¿cuál es el estilo de planeación estratégica que utilizan los gerentes o dueños de las empresas?, ¿qué forma y la manera de planear tienen los gerentes? Responder a éstas interrogantes fue la finalidad del presente trabajo, así como implementar recomendaciones útiles para las pequeñas y medianas empresas del sector textil de la región de Tlaxcala. El objetivo fue conocer los estilos de planeación que prefieren los dueños de las micro, pequeñas y medianas (mipyme) del sector textil del Estado de Tlaxcala. Los objetivos específicos coadyuvar al fortalecimiento de los conocimientos de los alumnos en el área de planeación estratégica de la Universidad Politécnica de Tlaxcala. Además de contribuir en la vinculación institucional de los programas educativos entre la Universidad Politécnica de Tlaxcala y el Instituto Tecnológico Superior de la Sierra Norte de Puebla.

El trabajo de investigación denominado "USO DE TÉCNICAS DE PLANEACIÓN ESTRATÉGICA EN MIPYMES DEL SECTOR TEXTIL EN TLAXCALA" se realizó en el Estado de Tlaxcala con la colaboración de la Universidad Politécnica de Tlaxcala, en el marco del "Programa de Movilidad para el fortalecimiento de la función docente 2012", durante el periodo del 3 de septiembre de 2012 al 3 de marzo de 2013. En beneficio de los programas académicos que se imparten en el Instituto Tecnológico Superior de la Sierra Norte de Puebla y la Universidad Politécnica de Tlaxcala. La información obtenida en éste trabajo es importante y beneficia al sector textil de la industria de Tlaxcala. El trabajo proporciona un panorama general de las técnicas de planeación más utilizadas.

Metodología

El estudio se realizó en el sector textil del Estado de Tlaxcala, el Estado está dividido en seis zonas industriales: la Región Norte (Tlaxco), Región Poniente (Calpulalpan), Región Oriente (Huamantla), Región Centro Norte (Apizaco), Región Centro Sur (Tlaxcala), Región Centro Sur (Zacatelco). El estudio se realiza en la región textil Centro Sur, que está integrada con los siguientes municipios: Amaxac de G, Apetatitlán de A.C., Chiautempan, Itacuixtla de M.M., Contla de Juan C, Panotla, Sta. Cruz Tlaxcala, Tlaxcala, Totolac, La Magdalena T, San Damián Texoloc, San Francisco T, Santa Ana Nopalucan.

La metodología utilizada fue de tipo documental en su primera fase, para revisar la literatura existente y conocer los diversos modelos de planeación estratégica que se han desarrollado, además para conocer los padrones de las empresas textiles de la región Centro Sur (Tlaxcala). La segunda fase de la investigación fue la investigación de campo, la cual se llevó a cabo en varias etapas. La primera etapa del estudio consistió en la aplicación de un primer cuestionario efectuado por la Universidad Politécnica de Tlaxcala a las empresas del sector textil de la región seleccionada. En la segunda etapa del proceso de investigación consistió en la realización de entrevistas directas a los empresarios del sector textil. La tercera etapa consistió en la realización de entrevistas indirectas, vía telefónica a las MIPYMES del sector textil. El universo de esta investigación fueron los responsables que en 2012 funjan como gerentes, encargados o dueños de las micro, pequeñas y medianas empresas del sector textil de la Región Centro Sur del Estado de Tlaxcala teniendo una población, micro 25, pequeñas 31 y medianas 26 haciendo un total de 82 MIPYMES.

Tamaño de la Muestra

Como se hace una muestra probabilística. Dado que una población es N, ¿Cuál es el número de unidades muéstrales? (Gerentes o dueños y Personas encargadas de dirigir las MIPYMES del sector textil)

Si establecemos el error estándar y lo fijamos en 0.05

1.- $n = \dfrac{s^2}{V^2}$ Tamaño provisional de la muestra $= \dfrac{Varianza\ de\ la\ muestra}{Varianza\ de\ la\ población}$

2.- $n = \dfrac{n`}{1 + n`/N}$

Ejemplo:

Directores generales con las características mencionadas

Población de N = 82

Cuál es el No. De directores que se deben de entrevistar.

Error estándar 0.05 y la población total es 82 directores, dueños, MIPYMES.

N= Tamaño de la población 82 empresas

Y= Valor promedio de una = 1 director por empresa

Se = Error estándar =0.05 determinado por nosotros.

V^2 = Varianza de la población su definición (se): Cuadrado del error estándar.

RAFAEL GARRIDO ROSADO
SERGIO HERNÁNDEZ CORONA
JOSÉ ANTONIO APARICIO HERNÁNDEZ

S^2 = Varianza de la muestra expresada como la probabilidad de ocurrencia de y

n` tamaño de la muestra sin ajustar.

n tamaño de la muestra.

Sustituyendo tenemos que:

$$n` = \frac{s^2}{V^2}$$

$$S^2 = p(1 - p) = .95\ (1 - .95) = 0.0475$$

$$n` = \frac{s}{V^2} \qquad n` = \frac{0.0475}{0.0025} = 19 \qquad n = \frac{19}{1 + 19/82} = 15$$

$$V^2 = (.05^2) = .0025$$

Para la determinación de las empresas seleccionadas se utilizó el muestreo aleatorio simple, de manera que cada empresa micro, pequeña o mediana empresa del sector textil tuviera la misma oportunidad de quedar incluida.

Resultados y Discusión

Al enunciar a los gerentes o dueños de las MIPYMES del sector textil, la siguiente afirmación "si no tengo tiempo para hacer mi trabajo, ¿Cómo quiere que dedique tiempo para elaborar planes a futuro? Se obtuvieron los siguientes resultados, el 33.3% de los gerentes se manifestaron "muy de acuerdo", el 44.4% contesto "de acuerdo", en tener una carga excesiva de trabajo y poco tiempo para elaborar planes a futuro y el 22.2%. El resultado expresa la tendencia de que la mayoría de los gerentes y dueños de las MIPYMES se encuentran saturados de cargas de trabajo, lo que impide definir el futuro de las empresas, situación que los pone en graves riesgos frente a la competencia tanto nacional como internacional.

En cuanto a la pregunta ¿Cuáles son los tipos de planes que prefiere? los gerentes de las empresas textiles, los resultados fueron el 66.7 % de los gerentes prefiere hacer planes a corto plazo, planes que van desde un mes hasta un año. El 0.0 % de las dueños o gerentes no contemplan la elaboración de planes a mediano plazo, y sólo el 33.3% hacen planeación a largo plazo. El resultado indica el panorama general de lo que está sucediendo con la práctica de la planeación estratégica en el sector textil, donde se puede apreciar que dicha técnica tiene baja aplicación.

La práctica de técnicas de planeación básicas como es el establecimiento de la misión, visión y de políticas se muestran que el 66.7 % de la empresa no tienen una misión establecida y el 33.3% si la han establecido. El 100 % de las empresas no cuentan con la visión establecida a futuro de la empresa y el 66.7 % de las empresas no cuentan con políticas y el 33.3 % si tienen para funcionar adecuadamente y estar en posibilidades de alcanzar sus objetivos propuestos.

Sí la empresa textil no tiene una misión, lo más seguro es que vayan a la deriva, más aún, si la razón de ser de la empresa es poco conocida por los empleados (a) entonces la cultura empresarial es muy baja. Por tanto, la elaboración de la declaración de la misión de su empresa es el paso más importante que usted puede tomar en todo el proceso de planeación (Morrisey, 1996). También concuerda con lo que dice Joel Roos y Michael Kami, quienes dicen que la experiencia confirma que uno de los errores más importantes que surgen durante el proceso de elaboración de planeación estratégica, es la falta de una visión de negocios que pueda seguir la administración. El proverbio: "si no sabes a qué puerto te diriges, ningún viento te será favorable" (Joel Ross, 2013).

El análisis del uso de reglas administrativas, programas, proyectos y procedimientos administrativos y los resultados son el 33.3 % de las empresas no tienen y el 66.7 % si cuenta con algunas reglas. El 100 % de las empresas no tienen establecido ningún programa, en cuanto a la elaboración de proyectos el 66.7% no tiene y sólo el 33.3 % de las

MIPYMES si cuenta con algún tipo de proyecto establecido. El 66.7 % de las empresas no tienen procedimiento administrativo y el 33.3 % tienen algún procedimiento establecido para la realización de las tareas internas de la empresa.

La planeación básica es esencial para la sobrevivencia de las micro y pequeñas y medianas empresas textiles de la Región Centro Sur de Tlaxcala, el marco general de la economía global, exigen que se manejen con responsabilidad, es interesante ver que se están dejando de hacer, dejar de usar las técnicas de planeación más elementales les resta la posibilidad de sobrevivir en escenarios económicos más inestables y por tanto, carecen de ventajas competitivas.

Resultados del uso de técnicas de planeación para hacer análisis interno y externo

Los resultados del uso de técnicas de planeación para analizar el entorno de las empresas, como son Fortalezas, oportunidades, debilidades y amenazas (FODA) el 33.3% de los gerentes o dueños de las empresas del sector textil la han aplicado alguna vez y el 66.7% no aplican. El análisis FODA permite a las organizaciones definir algunas de las características de la organización, el propio diseño de las fortalezas y debilidades implica un gran esfuerzo por parte de todas las áreas de la organización para definir cuáles son aquellas características que los distinguen así como aquellas áreas de oportunidad (Cruz, 2013). Además, el uso de la técnica Boston Consulting Group (BCG) refleja una nula aplicación, el 100% de los gerentes de las empresas del sector textil no la aplican, Los gerentes desconocen cuáles son sus productos líderes en el mercado y cuales productos representan un gasto. En el uso de la técnica de las 5 fuerzas de Porter, el 33.3 % de las empresas si la aplican la técnica de Michel Portes y el 66.7 % no la utilizan para analizar a la competencia, sus clientes y proveedores. Los gerentes o dueños de las industrias textiles no tienen información de cuales productos son similares a los que produce y que empresas nuevas están surgiendo en el sector, así también, desconocen el poder de compra de sus clientes y proveedores.

Otras técnicas como la Matriz de Evaluación de factores externos, que revela que el 100.0 % de los gerentes o dueños de las empresas, no aplican la técnica (MEFE), para analizar los factores políticos, sociales, económicos y tecnológico. Por tanto, los gerentes o dueños de las industrias textiles carecen de información de aquellos factores que pudieran afectar sus empresas. El resultado en cuanto al uso de la Matriz de Evaluación de factores Internos, indica que el 66.7 % de los gerentes de las empresas aplican la técnica (MEFI), para analizar los factores internos de la empresa textil, el 33.3 % de los gerentes o dueños no tienen información de los factores internos que pueden estar afectando el funcionamiento de la empresa textil. La técnica denominada matriz de posición estratégica y evaluación de la acción, indica que el 100% de los gerentes encuestados del ramo textil, no la utilizan. La técnica Matriz de posición estratégica y evaluación competitiva, indica el 66.7% de los gerentes o dueños aplica la técnica y el 33.3 % no aplica ésta técnica.

Conclusión

La planeación estratégica, objeto de estudio en este trabajo, nos llevó a conocer los diferentes enfoques que han realizados diferentes autores sobre el tema. Si se considerar que la planeación estratégica constituye una de las principales herramientas como técnica administrativa y un reto en la tarea de los gerentes de toda organización, sean: micro, pequeña o mediana empresa. Resulta interesante conocer el resultado del trabajo en cuanto a la hipótesis "la falta de usos de técnicas de planeación estratégica ha ocasionado la baja competitividad en las MIPYMES en el Estado de Tlaxcala", la revisión de literatura, confirma que existen muchas técnicas para practicar la planeación estratégica, por tanto, la falta de uso de técnicas es la causa de la baja competitividad del sector textil del Estado de Tlaxcala, lo que sucede es que a los gerentes de las empresas no utilizan las herramientas que les permita obtener información para realizar la planeación estratégica, lo que conlleva, a que las empresas no sean competitivas y carezcan de un rumbo que seguir, teniendo un panorama incierto. En cuanto a las interrogantes ¿Cuál es el estilo de planeación estratégica, la forma y la manera de planear que tienen los gerentes?, los resultados reflejan la tendencia de los gerentes que tienen poco tiempo para planear, además de tener una preferencia mayor por los planes a corto plazo, y si consideramos que la planeación estratégica implica una planeación a 3 y 5 años la realidad es que la mayoría de los gerentes no la practican o tienen poca utilización en la administración o gerencia de las MIPYMES del sector textil de la región centro sur del Estado de Tlaxcala. Si las técnicas de planeación básicas no se utilizan se tendrá poca eficiencia en el funcionamiento interno de la empresa, y si tampoco se aplican técnicas de diagnóstico y análisis externo, la empresa desconoce cuáles son las oportunidades y amenazas que provienen del exterior, se carece de información para saber cuál es la competencia de sus empresas, que productos similares a los que se producen están saliendo en el mercado.

Para la validación de la hipótesis fue en la escala de 0 a 1, según Dieterich, quien menciona que cuando la concordancia es total (1) consideramos a la hipótesis verificada; cuando los datos no concuerdan (0), juzgamos a la hipótesis como falsa, y cuando la concordancia es parcial, juzgamos que la hipótesis fue parcialmente correcta. En nuestro caso la hipótesis se puede considerar que fue parcialmente correcta, puesto que la falta de usos de técnicas de planeación estratégica fue la causa del problema de la baja competitividad, lo que originan que el gerente no cuente con información para practicar la planeación estratégica a largo plazo para la organización. Si los empresarios, dueños y gerentes quieren salir adelante y conocer cuáles son las tendencias del sector textil, es importante que se den a la tarea de implantar en sus organizaciones la cultura y disciplina del uso de herramientas de planeación adecuadas a sus necesidades, y así, funcionar de forma eficiente y eficaz en el entorno de la globalización. Otro objetivo que se logró, fue la vinculación de los alumnos de la Universidad Politécnica de Tlaxcala, en la parte de aplicación de encuestas a las empresas textil de la región centro sur del Estado de Tlaxcala.

Se recomienda a los dueños y gerentes de las MIPYMES del sector textil de la Región Centro Sur del Estado de Tlaxcala, fomentar la aplicación y uso de técnicas de planeación estratégica que les permita diseñar sistemas de información, para contar con información objetiva de los mercados locales nacionales e internacionales y conocer la realidad de su sector, y así, tomar las decisiones más importantes para aprovechar las oportunidades del entorno y guiar a su organización a nuevos horizontes favorables.

Bibliografía

Álvarez C. A. 2013. Mitos y realidades de la planeación estratégica para PYMES. PYME ADMINISTRATE HOY-13(235): 52-54.

Camara de Diputados. 2012. Ley para el desarrollo de la competitividad de la micro, pequeña y mediana empresa. Recuperado el 27 de 09 de 2012, de www. diputados.gob.mx: www.diputados.gob.mx/LeyesBiblio/pdf/247.pdf

Cardenas A.M., M.del Castillo y Ruvalcaba, A.B. 1998. El Efecto Mac, San Diego C.A, ICG. Paginas- 202.

Chiavenato I. 1992. Introdución a la Teoría General de la Administración. México D.F, Mc Graw Hill, Segunda edición en español. Paginas- 687.

Chiavenato I. 2011. Planeación Estratégica. México D.F. Mc Graw Hill. Paginas- 318.

Codina B. J. N. y Pagan J. A. 2009. Administración de las pequeñas y medianas empresas. México D.F. Trillas. Paginas- 228.

Colín H. R. F. 2013. Estrategia Pyme. PYME ADMINISTRATE HOY, 13(235): 56.

Costa R. 1995. La empresa hacia el año 2010. Colombia. Alfaomega. Paginas- 162.

DuBrin A. J. 2000. Fundamentos de Administración. México D.F. Thomson, Quinta Edición- Paginas- 472.

Franklin E. B. 2007. Auditoria administrativa. Naucalpan de Juarez, México, D.F. Prentice Hall, Segunda Edición. Paginas- 843

RAFAEL GARRIDO ROSADO
SERGIO HERNÁNDEZ CORONA
JOSÉ ANTONIO APARICIO HERNÁNDEZ

Funes R. C. 1998. Estrategia, El Cambio en la proyección del pensamiento empresarial. México D.F. SICCO. Paginas- 178.

Gómez H. L. 2007. Planeación y estrategia: Binomio que definirá el rumbo de tu empresa. PYME ADMINISTRATE HOY- 07(156): 54-55.

Heller R. 1998. La toma de Decisiones. Barcelona. Grijalbo. Paginas- 72.

Münch G. L. 2008. Planeación Estratégica, El rumbo hacia el éxito. México D.F., Trillas, Segunda edición. Paginas- 126.

Siliceo A. A. 1998. Líderes para el siglo XXI. México, D.F. Mc Graw Hill, pag. 154.

Instituto Tecnológico de Tepic. http://itt-admon.tripod.com/itt-planea/unidad3/u3.htm. Fecha de consulta 27 de 07 de 2014, de http://itt-admon.tripod.com/

Ross J., Kami. M. 2013. Planeación Estratégica: Foco aetapas criticas. Contaduría Pública-13 (488): 20-22.

Münch G. L y García M. J. (1992). Fundamentos de Administración. México D.F. Trillas,Quinta edición. Paginas- 272.

Morrisey G. L. y Arenas, M. C. A. 1996. Pensamiento Estratégico: construya los cimientos de su planeación. México D.F. Prentice Hall. Paginas. 119

Reyes P. A. 2001. Administración de Empresas: Teoría y práctica. Primera parte. México D.F. Limusa. Paginas- 188.

Ramos V. D. 2004. Dirección Estratégica. México D.F. Mc Graw Hill. Paginas - 367.

Rodríguez M. S. 1998. Administración de la Empresa Familiar. México D.F Grupo Editorial Iberoamerica S.A. Paginas-156.

Rojas S. A. 1993. Administración de Pequeñas Empresas. Naucalpan, México: Mc Graw Hill. Tercera edición. Paginas-347.

Saloner G. Shepard, A. Podolny, J. 2008. Administración Estratégica. México D.F. Limusa. Paginas- 441

García S. E. Valencia V. M. L. 2007. Planeación Estratégica Teoría y Práctica. México D.F. Trillas. Paginas- 155.

Secretaría de Economía. 2012. Manual del emprendedor, Taller yo emprendo, jovenes emprendedores. México D.F. Secretaria de Economía.

Thomson A. A. Strickland, A. J. Thomson, Jr. (Arthur A.) 2007. Administración Estrategica. México D.F. Mc Graw Hill. Paginas 403

Walton M. 1995. Cómo Administrar con el Método Deming. Colombia. Norma S.A. Paginas 291.

Herbicida orgánico para control de maleza

Everardo Miguel Díaz, Erik Hernández
Cruz, Omar Jair Leyva Hernández

Instituto Tecnológico Superior de la Sierra Norte de Puebla, Av. José Luis Martínez Vázquez, No. 2000, C.P.73310, Jicolapa, Zacatlán, Puebla, México.

everardomd2012@gmail.com, erikfores88@gmail.com, leyvaomar80@yahoo.com.mx

Resumen

Dentro de la agricultura mexicana, el uso de agroquímicos es el principal medio de control de maleza, la falta de información lleva en ocasiones a los agricultores a un uso desmedido de dichas sustancias ocasionando problemas posteriores siendo el más grave la erosión de la tierra. El maíz es el Commodity agrícola que más se produce en el mundo, por su consumo humano, animal y el uso industrial. En el capítulo I se abordan temas de el origen del maíz y sus principales usos, así como el planteamiento del problema por lo cual nace la necesidad de realizar esta investigación y algunas de las actividades que se realizaron en el capítulo II Por ello el objetivo de esta investigación fue la elaboración de un herbicida completamente orgánico mediante la implementación de productos naturales logrando la inhibición y/o control de las malezas en los cultivos de maíz además de la preservación de las propiedades del suelo y disminución del riesgo de uso.

Palabras clave. Chiltepin, Maíz, Herbicida, Orgánico, Control e inhibición.

Abstract

Within the Mexican agriculture, the use of agrochemicals is the main means of weed control, the lack of information sometimes leads farmers to an excessive use of these substances causing subsequent problems being the most serious erosion of the land. Corn is the agricultural Commodity that is most produced in the world, for its human, animal and industrial use. Therefore, the objective of this research was the development of a completely organic herbicide through the implementation of natural products achieving inhibition and / or control of weeds in corn crops in addition to the preservation of soil properties and reduction of the risk of use.

Keywords. Chiltepin, Corn, Herbicide, Organic, Control and inhibition.

Rafael Garrido Rosado
Sergio Hernández Corona
José Antonio Aparicio Hernández

Introducción

En la última década el agricultor mexicano ha experimentado grandes retos para responder ante los constantes cambios en la estructura de comercialización del maíz, los precios, las condiciones climatológicas y el crecimiento demográfico, lo que le ha exigido ser más eficiente y producir más rápido e inteligentemente.

El maíz de grano, base de la dieta de la población mexicana, se siembra en todo el país con un total de 7,600 mil hectáreas sembradas, 501 mil hectáreas siniestradas y 7,100 mil hectáreas cosechadas. En 2015, la superficie con el cultivo fue mayor en 174 mil hectáreas respecto a las del año pasado. Posicionando a México en el lugar 7° en producción mundial. (SIAP- SAGARPA, 2015). El uso adecuado de los herbicidas en estos cultivos es esencial, debido a que disminuye el riesgo de pérdida total o parcial de la producción, además de que evita tres problemas de primer orden como son: intoxicaciones humanas, residuos en alimentos y contaminación del medioambiente. La falta de información lleva en ocasiones a los agricultores a un uso desmedido de dichas sustancias ocasionando problemas posteriores siendo el más grave la erosión de la tierra. La degradación del suelo, a consecuencia de la erosión, afecta la fertilidad del suelo y en última instancia la producción de los cultivos.

Según Bertoni y Lombardi Neto (1985) Las tierras agrícolas se vuelven gradualmente menos productivas por cuatro razones principales: degradación de la estructura del suelo, disminución de la materia orgánica, pérdida del suelo y pérdida de nutrientes.

Zacatlán posee una superficie de 489,3 km² destinando el 56% de su suelo a la agricultura; se siembra un total de 48,001.49 toneladas de maíz del cual 274.49 toneladas registra pérdida por malezas y plagas (SIAP-SAGARPA, 2013) además de que se ha presentado una disminución del pH del suelo significativo. A pesar de lo anterior no se ha llevado a cabo ninguna acción que permita la mejora de las cosechas y la conservación del suelo.

Es así como se lleva a cabo la evaluación de ingredientes orgánicos para verificar su efecto en diferente tipo de maleza en la ciudad de Zapopan Jalisco logrando comprobar que cada uno de estos es de vital utilidad para la elaboración de un nuevo herbicida orgánico que controle el crecimiento de diferentes malezas.

Metodología

La metodología de la investigación que se implementó fue un diseño de experimentos de Carlos Sabino 1992.

Etapas

1. Antecedentes
2. Planteamiento del problema
3. Hipótesis
4. Diseño experimental
5. Experimentación y observación
6. Resultados
7. Evaluación de Resultados
8. Conclusiones

Antecedentes

Herbicidas Orgánicos

Los herbicidas son usados extensivamente en la agricultura, zonas industriales y zonas urbanas, debido a que si son utilizados adecuadamente controlan eficientemente a la maleza a un bajo costo (Peterson et al., 2001). No obstante, si no son aplicados correctamente, los herbicidas pueden causar daños a las plantas cultivadas, al medio ambiente, e incluso a las personas que los aplican.

El maíz es el Commodity agrícola que más se produce en el mundo. Debido a sus cualidades alimenticias para la producción de proteína animal, el consumo humano y el uso industrial, se ha convertido en uno de los productos más influyentes en los mercados internacionales.

La maleza tiende a desarrollar menor resistencia a productos naturales que a productos químicos. Su rápida degradación puede ser favorable pues disminuye el riesgo de residuos en los alimentos, presentan una acción más específica y son biodegradables. Varían y actúan rápidamente, solo que el control biológico requiere mucha paciencia y entretenimiento.

La mayoría de estos productos tienen una peligrosidad relativamente baja ya que suelen degradarse fácilmente. Algunos pueden ser usados poco tiempo antes de la cosecha, ya que al degradarse no dejan residuos tóxicos.

Requisitos del suelo

El maíz necesita suelos profundos y fértiles para dar una buena cosecha. El suelo de textura franca es preferible para el maíz. Esto permite un buen desarrollo del sistema radicular, con una mayor eficiencia de absorción de la humedad y de los nutrientes del suelo. Además, se evitan problemas de acame o caída de las plantas.

Los suelos con estructura granular proveen un buen drenaje y retienen el agua. Además son preferibles los suelos con un alto contenido de materia orgánica.

Se obtiene una mejor producción cuando la calidad y acidez del suelo están balanceadas. El pH óptimo se encuentra entre 5,5 y 7. Preparación de suelos y métodos de siembra

Densidad de la siembra

La densidad de la siembra depende de las condiciones del suelo, del clima y del tipo de cultivo. Bajo condiciones adversas, por ejemplo, en suelos pobres y en regiones semiáridas sin posibilidad de rego, se siembra menos densidad. La densidad o el número de plantas por hectárea depende de los siguientes factores: Fertilidad del suelo: en suelos pobres y suelos muy fértiles se siembra menor densidad.

La producción exitosa de maíz, requiere de sólidas prácticas agronómicas de manejo del cultivo; prácticas que empiezan desde la selección de las tierras apropiadas, utilización de semilla de calidad, así como también de un programa efectivo de manejo de nutrientes y control de enfermedades y plagas, de tal manera que se asegure los máximos rendimientos.

Maleza

Las malas hierbas o maleza son plantas indeseables que crecen como organismos microscópicos junto con las plantas cultivadas, interfiriendo su desarrollo normal. Son una de las principales causas de la disminución de rendimientos del maíz, al igual que otros cultivos, debido a que compiten por luz sola, agua nutrientes y bióxido de carbono; segregan sustancias alelopáticas; son albergue de plagas y patógenos, dificultando su combate y, finalmente, obstaculizan la cosecha.

Hoy existen sofisticados equipos mecánicos (cultivadoras) para la remoción de la maleza, así como sustancias químicas o biológicas que se aplican sobre el suelo o directamente a la maleza para prevenir o retardar su germinación o crecimiento. En los últimos años se han logrado significativos avances científicos y tecnológicos para obtener sustancias químicas o biologías menos toxicas para el hombre, menos agresivas para el ambiente y más selectivas respecto a los cultivos donde se usen.

Los daños originados por maleza son más importantes de lo que se cree ya que, de acuerdo con las estimaciones de la Food and Agriculture Organization (FAO, provocan pérdidas cuantiosas y a nivel mundial se estiman en más de 15% del rendimiento de la producción total de l los cultivos; en el caso de México se estima una reducción de 25% a 30%.

Desde hace años los investigadores encontraron que el cultivo de maíz en México es afectado por más de 360 especies de malas hierbas pertenecientes a 52 familias.

Características de las malas hierbas y su importancia en el control de la maleza.

El conocimiento de ciertas características de las malas hierbas es necesario para planear un buen control.

Características de reproducción: 1.-El número de semillas y su viabilidad tiene gran importancia para determinar la peligrosidad de una especie, ya que cuanto más semillas más viables forme más rápida será la velocidad de infestación.2.- La presencia de alas o pelillos en la semilla facilita la dispersión: este carácter, así como el de frutos dehiscentes, da lugar a poblaciones con distribución generalizada y uniforme en el área: por el contrario, las especies cuyas semillas están dentro de frutos pesados indehiscentes a originar poblaciones con distribuciones en montones. 3.- El letargo o dormancia, al impedir la germinación por un tiempo después de la maduración de la semilla. Impide que germinen todas simultáneamente después de la lluvia o riego, lo que permitirá limpiar de una vez con un desyerbe oportuno; por el letargo se tiene cuna emergencia o nacencia a cada riego o lluvia, conforme lo van determinando las diversas semillas y la profundidad a la que se encuentren. 4.- la presencia de yemas cubiertas por brácteas dificulta que sean mojadas por los herbicidas; este factor se agudiza cuando hay yemas u órganos de reproducción subterráneos, como bulbos o rizomas, que defienden a la maleza del frio y de los factores, así como del desyerbe químico o mecánico.

Características anatómicas. 1.- La de cera, o los pelillos que muchas plantas tienen en la superficie de las hojas dificultan mucho la absorción de los herbicidas; las hojas con estas estructuras se denominan no hojables y para afectarlas se debe agregar un surfactante al herbicida. 2.- la venación paralela facilita que las gotitas de la aspersión aplicada resbalen, en tanto que la disposición reticulada de las nervaduras ayuda a la retención de la aspersión.3.- las hojas colgantes de las gramíneas también facilitaran la caída de las gotitas de la aspersión.

Características fisiológicas: algunas especies tienen moléculas capaces de descomponer las moléculas de algún herbicida en particular, desintoxicando en corto tiempo, en tanto que otras mueren, esta es la llamada selectividad fisiológica o bioquímica de los herbicidas, como las Triazinas, ureas y otras.

El periodo crítico de competencia es la etapa en la que las malas hierbas le causan mayor daño al cultivo por la competencia que ejercen sobre él. Es en este periodo en el cual se debe controlar la maleza para evitar su competencia, de ahí la utilidad de conocerlo (Orrantia et al., 1984). El control de la maleza es indispensable durante ese periodo y puede afirmarse que si el cultivo esta enyerbado durante su primer mes, las perdidas en el rendimiento serán muy serias aunque luego se mantenga limpio.

Control

El control es el proceso por medio del cual se limita al desarrollo y la infestación de la maleza. Comprende todos aquellos métodos encaminados a reducir la competencia de la maleza sobre el cultivo de maíz y otros efectos adversos de la maleza en las labores agrícolas.

El control de la maleza es esencial para una adecuada producción de maíz. La prevención es mejor medida que el control. Para aplicar el método más adecuado de control de maleza en cada caso, es necesario conocer el hábito de crecimiento y de producción de semillas, métodos de dispersión, requisitos de latencia, longevidad de las semillas y habilidad para sobrevivir a condiciones adversas o para propagarse y extenderse vegetativamente. También es importante conocer la susceptibilidad o la tolerancia a diferentes herbicidas.

Métodos de control

Métodos culturales: son las practicas que aseguran el desarrollo del cultivo en forma vigorosa y que pueda aventajar a la maleza en velocidad de crecimiento y competir con ella, como son la rotación de cultivos, la densidad de siembra, el uso de semilla limpia, la fertilización adecuada, el riego oportuno, y el control oportuno de plagas que proporcionen al cultivo mayores ventajas competitivas.

Métodos mecánicos: hay varias prácticas de control que se basan en el arranque de las malas hierbas, ya sea a mano o con implementos mecánicos.

Arranque a mano: es el método más antiguo de control, pero, aunque efectivo, solo es económicamente aplicable en áreas reducidas o en lugares en los que no se puede remover la maleza con herramientas.

Deshierbe con implementos manuales: el arranque o corte de malas hierbas con implementos manuales como azadón, machete, guadaña, ladera, en áreas reducidas o en caso de no poder utilizar otros métodos. Cuando se utilice el machete o el azadón, se debe tratar de eliminar la melsa antes de que produzcan las semillas.

Deshierbe por medio de laboreo: el laborea sistemático del suelo es una de las armas más eficaces para el control de la maleza. La principal acción del laboreo es reducir la población de semillas de maleza.

Control integrado: el control de la maleza se considera integrado cuando se logra combinar diversas prácticas que se han utilizado desde hace miles de años, conjuntando la labranza, los cultivos y el ambiente. En esta metodología es importante lograr que el ambiente sea lo más perjudicial para las malas hierbas, utilizando métodos combinados.

Control químico

Este método consiste en usar productos o sustancias químicas denominadas herbicidas que afectan la fisiología de la planta, produciendo su muerto o deteniendo su desarrollo normal y cuya aplicación exige conocimientos técnicos particulares. El control químico es un método q1ue se utiliza para combatir la maleza en los cultivos mediante la aplicación de herbicidas sin que afecten el cultivo. Actualmente hay muy pocos problemas de maleza donde los herbicidas no sean eficaces. Su uso depende de la relación costo beneficio. Pero, así como son de eficaces son de peligrosos por así decirlo ya que dejan residuos y provocan intoxicaciones humanas o bien provocan la erosión de la tierra y pérdida de nutriente y hacen a estas cada vez menos fértiles. Una de las principales ventajas consiste en lograr reducir la competencia a tiempo, principalmente en las hileras del cultivo y que, además de matar a la maleza, tenga un residuo suficiente hasta la cosecha, y que no deje residuos en el suelo que afecten a cultivos posteriores. El control químico presenta ventajas sobre los métodos anteriormente mencionado tales como: seguridad, amplitud y oportunidad de control

El maíz es el Commodity agrícola que más se produce en el mundo. Debido a sus cualidades alimenticias para la producción de proteína animal, el consumo humano y el uso industrial, se ha convertido en uno de los productos más influyentes en los mercados internacionales. El uso adecuado de los herbicidas en estos cultivos es esencial, debido a que disminuye el riesgo de pérdida total o parcial de la producción, además de que evita tres problemas de primer orden como son: intoxicaciones humanas, residuos en alimentos y contaminación del medio ambiente.

Sin embargo, el aspecto que más se desconoce y del cual se abusa más en las tierras agrícolas, es la utilización y manejo de agroquímicos, especialmente de los herbicidas. La falta de información lleva en ocasiones a los agricultores a un uso desmedido de dichas sustancias

Rafael Garrido Rosado
Sergio Hernández Corona
José Antonio Aparicio Hernández

ocasionando problemas posteriores siendo el más grave la erosión de la tierra, La degradación del suelo, a consecuencia de la erosión, afecta la fertilidad del suelo y en última instancia la producción de los cultivos.

Según Bertoni y Lombardi Neto (1985) las tierras agrícolas se vuelven gradualmente menos productivas por cuatro razones principales:

- Degradación de la estructura del suelo.
- Disminución de la materia orgánica.
- Perdidas de suelo.
- Pérdida de nutrientes.

La estimación de abril del USDA para la cosecha mundial en 2015/16 se ubicó en 972.1 millones de toneladas (mdt), es decir, 3.6% menor que en el ciclo previo. (FIRA, 2016).

Puebla se ubica entre los ocho principales estados productores de maíz, aportando una oferta de 1.08 millones de toneladas, lo que representa 4.6 % de la producción anual nacional.

El suelo dominante en Zacatlán es Andosol (40%), Luvisol (26%), Durisol (16%), Phaeozem (7%), Vertisol (4%) y Cambisol (3%) con un PH en un rango de 4.5-6.5%; a nivel municipal Zacatlán usa el 56% de su suelo para la agricultura, siembra un total de 48001.49 toneladas de maíz del cual 274.49 registra pérdida total por afectación de fenómenos climáticos o por plagas y enfermedades sólo aplica para cultivos cíclicos. (SIAP-SAGARPA, 2013).

En Zacatlán existe gran demanda de agroquímicos ya que la mayoría de las comunidades destinan sus tierras a la agricultura. Por tal motivo este proyecto tiene como objetivo Evaluar el comportamiento de ingredientes que forman una mezcla que logra actuar como herbicida orgánico para controlar y/o inhibir el crecimiento de la maleza en el cultivo de maíz. Es así como se lleva a cabo la evaluación de ingredientes orgánicos para verificar su efecto en diferente tipo de maleza en la ciudad de Zapopan Jalisco logrando comprobar que cada uno de estos es de vital utilidad para la elaboración de un nuevo herbicida orgánico que controle el crecimiento de diferentes malezas.

Hipótesis

- Ho: Los seis tratamientos o procedimientos dan los mismos resultados.
- H1: Los seis tratamientos o procedimientos no dan los mismos resultados.

Diseño experimental.

Se realizó un diseño de experimentos completamente al azar.

Para la aplicación se realizaron 6 tratamientos con 4 repeticiones cada uno. Utilizando cada ingrediente (cinco) de dicho herbicida y este como un tratamiento y sus dosis correspondientes.

Para cada tratamiento se consideraron las siguientes variables.

Las variables a evaluar son tanto cuantitativas como cualitativas. Dentro de las cuantitativas tenemos el pH de cada tratamiento-Ingrediente, pH antes de aplicar, pH después de aplicar, Días que tarda en hacer efecto y cualitativas tenemos el efecto que logra hacer cada tratamiento.

El diseño de experimentos se realizó en un invernadero de maíz con 6 surcos cada uno con la medida de 17 metros; lo cual nos arroja una superficie de 102 metros para un total de 24 espacios, de aproximadamente 4 metros marcándose al inicio con una banderilla de color, letra y numero clave de repetición. La distribución del diseño se muestra a continuación ver **Figura 1.**

RAFAEL GARRIDO ROSADO
SERGIO HERNÁNDEZ CORONA
JOSÉ ANTONIO APARICIO HERNÁNDEZ

Análisis de varianza de un factor

Tratamiento A

RESUMEN

Grupos	Cuenta	Suma	Promedio	Varianza
Columna 1	4	29.47	7.3675	0.00869167
Columna 2	4	29.69	7.4225	0.008825

ANÁLISIS DE VARIANZA

Origen de las variaciones	Suma de cuadrados	Grados de libertad	Promedio de los cuadrados	F. Calculada	Probabilidad	Valor crítico para F
Entre grupos	0.00605	1	0.00605	0.69077089	0.43771942	5.98737761
Dentro de los grupos	0.05255	6	0.00875833			
Total	0.0586	7				

ANOVA tratamiento A

Análisis de varianza de un factor TRATAMIENTO C

RESUMEN

Grupos	Cuenta	Suma	Promedio
Columna 1	4	29.23	7.3075
Columna 2	4	29.4	7.35

ANÁLISIS DE VARIANZA

Origen de las variaciones	Suma de cuadrados	Grados de libertad	Promedio de los cuadrados
Entre grupos	0.0036125	1	0.0036125
Dentro de los grupos	0.019875	6	0.0033125
Total	0.0234875	7	

ANOVA tratamiento C

Análisis de varianza de un factor Tratamiento B

RESUMEN

Grupos	Cuenta	Suma	Promedio	Varianza
Columna 1	4	28.9	7.225	0.0053166
Columna 2	4	29.21	7.3025	0.0102291

ANÁLISIS DE VARIANZA

Origen de las variaciones	Suma de cuadrados	Grados de libertad	Promedio de los cuadrados	F
Entre grupos	0.0120125	1	0.0120125	1.534326.
Dentro de los grupos	0.046875	6	0.00782917	
Total	0.0589875	7		

Análisis de varianza de un factor TRATAMIENTO D

RESUMEN

Grupos	Cuenta	Suma	Promedio	Varianza
Columna 1	4	29.02	7.255	0.04176067
Columna 2	4	29.31	7.3275	0.04835833

ANÁLISIS DE VARIANZA

Origen de las variaciones	Suma de cuadrados	Grados de libertad	Promedio de los cuadrados	F	Probabilidad	Valor crítico
Entre grupos	0.0105125	1	0.0105125	0.2332871	0.646215	5.98737776
Dentro de los grupos	0.270375	6	0.0450625			
Total	0.2808875	7				

ANOVA tratamiento D

ANÁLISIS DE VARIANZA

Origen de las variaciones	Suma de cuadrados	Grados de libertad	Promedio de los cuadrados	F	Probabilidad	Valor crítico para F
Entre grupos	0.02	1	0.02	0.32091736	0.59786615	5.98737761
Dentro de los grupos	0.3872	6	0.06453333			
Total	0.4072	7				

ANOVA tratamiento E

Análisis de varianza de un factor TRATAMIENTO F

RESUMEN

Grupos	Cuenta	Suma	Promedio	Varianza
Columna 1	4	28.62	7.155	0.03600647
Columna 2	4	28.92	7.23	0.0366

ANÁLISIS DE VARIANZA

Origen de las variaciones	Suma de cuadrados	Grados de libertad	Promedio de los cuadrados	F	Probabilidad	Valor crítico para F
Entre grupos	0.01125	1	0.01125	0.30601701	3.5951+647	5.98737763
Dentro de los grupos	0.1997	6	0.00939535			
Total	0.11055	7				

Figura 1. ANOVAS DE LOS TRATAMIENTOS.

Materiales

Para dicho experimento los materiales empleados fueron:

Limón
Sal
Jabón orgánico
Chile
Vinagre
Cultivo de maíz
Aspersor de 2 litros.
Letreros en relación a los tratamientos
Vasos para muestras
Cámara fotografía.
Croquis de campo
Bitácora con formatos para registro

Resultados y discusión

Para evaluar las aplicaciones los resultados se muestras a continuación pH de cada tratamiento (solución). Se llevaron a cabo 4 repeticiones donde se consideraron a los ingredientes que conforman al compuesto los cuales son: limón. Sal, jabón, chile, vinagre y herbicida. Como se muestra en la **Figura 2.**

RAFAEL GARRIDO ROSADO
SERGIO HERNÁNDEZ CORONA
JOSÉ ANTONIO APARICIO HERNÁNDEZ

pH del suelo antes y después de aplicación.

Tratamiento A

Repetición	pH Antes de aplicar	pH Después de Aplicar
A1	7.42	7.5
A2	7.47	7.5
A3	7.31	7.38
A4	7.27	7.31

Tabla 1 pH tratamiento A

Tratamiento B

Repetición	pH Antes de aplicar	pH Después de Aplicar
B1	7.19	7.22
B2	7.14	7.21
B3	7.3	7.38
B4	7.27	7.4

Tabla 2 pH tratamiento B

Tratamiento C

Repetición	pH Antes de aplicar	pH Después de Aplicar
C1	7.36	7.4
C2	7.24	7.3
C3	7.28	7.3
C4	7.35	7.4

Tabla 3 pH tratamiento C

Tratamiento D

Repetición	pH Antes de aplicar	pH Después de Aplicar
D1	7.15	7.21
D2	7.52	7.6
D3	7.3	7.4
D4	7.05	7.1

Tabla 4 pH tratamiento D

Tratamiento E

Repetición	pH Antes de aplicar	pH Después de Aplicar
	7.2	7.3
E2	7.61	7.7
E3	6.99	7.1
E4	7.3	7.4

Tabla 5 pH tratamiento E

Tratamiento F

Repetición	pH Antes de aplicar	pH Después de Aplicar
F1	7.4	7.52
F2	7.05	7.1
F3	7.08	7.2
F4	7.09	7.1

Tabla 6 pH tratamiento

Figura 2. Tratamientos de PH

En el periodo de agosto diciembre se realizaron dos aplicaciones de cada tratamiento con sus respectivas 4 repeticiones en el CUCBA, con el diseño de experimentos realizado se demuestra que existe un efecto significativo en la aplicación de forma constante de un herbicida orgánico para el control de la maleza en el cultivo de maíz.

Comparando las variables de cada tratamiento se logra observar que el tratamiento de chiltepín actúa con mayor eficacia en las malezas

Las tablas ANOVA y las gráficas de probabilidad anteriores indican que existe un tratamiento que da mejores resultados, el cual es el tratamiento de chiltepín ya que su reacción es la más similar a la de un herbicida químico y cumple con los rangos de pH establecidos para un cultivo idóneo. Para la variable cualitativa se utilizaron tablas de contingencia para poder evaluar el efecto que logro hacer cada tratamiento o ingrediente en la maleza los resultados se muestras en graficas de pastel a continuación tomando en cuanta tres que son Sin secado, secado parcial y secado total.

Tratamiento A

En el Tratamiento A arroja un 100% sin secado lo cual no muestra efecto significativo en la aplicación.

Tratamiento B se obtiene un 75% con secado total y un 25% para secado parcial en la maleza.

Tratamiento C (Jabón Amole) se logra un 50% sin secado y secado parcial respectivamente.

Tratamiento D (Chiltepín Capsicum annum) en esta aplicación se obtiene un 50% de secado parcia y secado total respectivamente.

Tratamiento E (vinagre de manzana Ácido Acético se obtiene un 25% de secado parcial y un 75% en secado total.

Tratamiento F (herbicida Orgánico tras la aplicación de la mejora de este se logra obtener un 25% de secado parcial y un 75% de secado total.

Conclusiones

Ante un inminente desgaste del suelo y un descontrolado crecimiento demográfico que obliga a los agricultores a producir mayor cantidad de maíz en un menor tiempo se debe considerar el uso de una nueva alternativa para el control de malezas como lo es el herbicida orgánico a

Rafael Garrido Rosado
Sergio Hernández Corona
José Antonio Aparicio Hernández

base de Ácido Acético, chiltepín, jabón orgánico, y sal. El cual logra el control de las malas hierbas sin alterar ni desgastar más las propiedades de los suelos fértiles. El uso de estos materiales totalmente orgánicos es favorable su mezcla debido a que el vinagre con un nivel de pH en promedio de X y con un grado ácido acético de X logra actuar como un secante de las células en la maleza lo cual controla su crecimiento el jabón orgánico actúa como un adherente en este caso lo cual hace que la solución permanezca por más tiempo y su efecto es un poco más duradero y así logre penetrar dicha solución a la planta. El nivel de capsaicina del chiltepín Capsicum annum da un gran beneficio a la planta pues su función en este caso aporta algunos de los nutrimentos esenciales que requiere cualquier cultivo para que este sea idóneo en su crecimiento y desarrollo por así decir equilibra los nutrientes que pudiera perder. La sal es otra secante que si bien actúa como tal sirve como conservador al mismo tiempo para el producto lo que hace que el vinagre no siga produciendo bacterias y eleve su grado acético. A partir de entonces se descarta la utilización del jugo de limón debido a que se estaban manejando dos tipos de ácidos (vinagre y limón) durante la aplicación se observó que su efecto no era significativo en la maleza y solo generaba un costo mayor. Con dicha solución Se logra innovar en el sector agrícola un nuevo producto que controla maleza en el cultivo de maíz en la región de Zapopan Jalisco y Zacatlán puebla este sin alterar el pH del suelo pues se al realizar las muestras de un antes y después de la aplicación no tiene una variación significativa lo cual no altera las propiedades del suelo, al contrario aporta un tanto de nutrimentos esenciales y al mismo tiempo disminuir su costo de producción y el riesgo de uso e intoxicaciones humanas.

Bibliografía

1. Agundis M. O. 1984. *Logros y aportaciones de la investigación agrícola en el combate de la maleza.* Publicación especial Núm. 115. SARH-INIA, México.

2. Anónimo (2004), secretaría de agricultura ganadería desarrollo rural y pesca y alimentación. Servicio de Información y Estadística Agroalimentaria y Pesquera. *Situación Actual y Perspectiva del Maíz en Mexico.*136p.

3.   Anonimo.2004. *diccionario de Especialidades Agroquímicas* PLM. 14ₐ Edicion. Thomson PLM, S.A. de C.V. Versión en CD.

4.   Ashton, F.M. and A. S. Crafts. 1981. *Mode of Action of Herbicides.* Wiley-Intersciene, New York, NY.525p.

5.   Barraco, M., y M. Díaz-Zorita. 2005. *Momento de fertilización nitrogenada de cultivos de maíz en hapludoles típicos.* CI. Suelo (Argentina) 23: 197-203.

6.   Barrón.S. F.1998. *Manual para producir Maiz. Fundación Produce Tabasco A.C. INIFAP PRODUCE.* Villahermosa. Tabasco. México 20p.

7.   Baumann, P.A., P. A. Dotrary and E. P. Prostko.1998.*Herbicide mode of action and injury symptomology.* Texas Agriculture Extension Service. The Texas A&M University System. SCS-1998-07.10p.

8.   Caseley, J.C 1996. Herbicidas. In: Labrada, R, J.C. Caseley y C. Parker, eds. *Manejo de malezas para países en desarrollo.* Estudio FAO Producción y Protección Vegetal 120.

9.   Caseley, J.C. 1996.Herbicidas. in: Labrada, R., J.C.Caseley y C.Parker (eds). *Manejo de Malezas para países en desarrollo.* Estudio FAO Producción y Protección Vegetal 120. Organización de las Nacionales Unidades para la Agricultura y la Alimentación. Roma, Italia. http: //www.fao.org/docrep/T1147S/t1147s0e.htm#TopOfPage.

10. Cazares Medina, Tomás; Investigador en Ciencia de la Maleza INIFAP – Campo Experimental Bajío, Guanajuato, *MANEJO DE MALEZA EN CULTIVOS BÁSICOS.*

11. CIMMYT (Centro Internacional de Mejoramiento de Maíz y Trigo).1974. *El Plan Puebla: Siete años de experiencia:* 1967-1973. El Batán, México. 127 p.

12. Congreso General de los Estados Unidos Mexicanos. Febrero (2006), Secretaria de Agricultura, Ganadería, Desarrollo Rural, Pesca y Alimentación; *ley de productos orgánicos, título sexto de la promoción y fomento capítulo único articulo 38 y 39.*

13. Congreso General de los Estados Unidos Mexicanos. Febrero (2006), Secretaria de Agricultura, Ganadería, Desarrollo Rural, Pesca y Alimentación; *ley de productos orgánicos, TÍTULO VI DE LA LISTA DE SUSTANCIAS Y CRITERIOS PARA EVALUACIÓN DE SUSTANCIAS Y MATERIALES PARA LA OPERACIÓN ORGÁNICA ARTÍCULO 264.-*

14. Damián H. M. A., Artemio Cruz, Benito Ramírez, Dionisio Juárez, Saúl Espinosa, y María Andrade. 2011. *Innovaciones para mejorar la producción de maíz de temporal en el Distrito de Desarrollo Rural de Libres,* Puebla. Primera edición, Código Gráfico, ISBN: 978-607-487-278-1, Primera edición, México. 70 p.

15. Anónimo (1996) Organización de las Naciones Unidas para la agricultura y la Alimentación. Manual de Métodos de Muestreo y Estadísticos para la Biología Pesquera. Impreso en Italia.

16. Anónimo (2004), secretaría de agricultura ganadería desarrollo rural y pesca y alimentación. Servicio de Información y Estadística Agroalimentaria y Pesquera. Situación Actual y Perspectiva del Maíz en Mexico.136p.

17. Anonimo.2004. diccionario de Especialidades Agroquímicas PLM. 14$_a$ Edición. Thomson PLM, S.A. de C.V. Versión en CD.

18. Ashton, F.M. and A. S. Crafts. 1981. Mode of Action of Herbicides. Wiley-Intersciene, New York, NY.525p.

19. Barraco, M., y M. Díaz-Zorita. 2005. Momento de fertilización nitrogenada de cultivos de maíz en hapludoles típicos. CI. Suelo (Argentina) 23: 197-203.

20. Barrón. S.F. 1998. Manual para producir Maíz. Fundación Produce Tabasco A.C. INIFAP PRODUCE. Villahermosa. Tabasco. México 20p.

21. Baumann, P.A., P. A. Dotrary and E. P. Prostko.1998.Herbicide mode of action and injury symptomology. Texas Agriculture Extension Service. The Texas A&M University System. SCS-1998-07.10p.

22. Caseley J.C 1996. Herbicidas. In: Labrada, R. J.C. Caseley y C. Parker, eds. Manejo de malezas para países en desarrollo. Estudio FAO Producción y Protección Vegetal 120.

23. Caseley J.C. 1996.Herbicidas. in: Labrada, R.,J.C.Caseley y C. Parker(eds). Manejo de Malezas para países en desarrollo. Estudio FAO Producción y Protección Vegetal 120. Organización de las Nacionales Unidades para la Agricultura y la Alimentación. Roma, Italia. http: //www.fao.org/docrep/ T1147S/t1147s0e.htm#TopOfPage.

24. Cazares Medina, Tomás; Investigador en Ciencia de la Maleza INIFAP – Campo Experimental Bajío, Guanajuato, MANEJO DE MALEZA EN CULTIVOS BÁSICOS.

25. CIMMYT (Centro Internacional de Mejoramiento de Maíz y Trigo).1974. El Plan Puebla: Siete años de experiencia:

26. 1967-1973. El Batán, México. 127 p.

Congreso General de los Estados Unidos Mexicanos. Febrero (2006), Secretaria de Agricultura, Ganadería, Desarrollo Rural, Pesca y Alimentación; ley de productos orgánicos, título sexto de la promoción y fomento capítulo único articulo 38

Jidoka como metodología para la reducción de desperdicios en el área de envasado de calidra, en la empresa Grupo Calero de Xicotepec S.A de C.V

Arturo Santos Osorio, Rosalía Bones Martínez, Yasmin Soto Leyva

Instituto Tecnológico Superior de Huauchinango. Av. Tecnologico, No. 80. Col 5 de Octubre, Huauchinango Puebla,73160.

arturosantososorio1@gmail.com, rosybones4@hotmail, ni_m_say88@hotmail.com.

Resumen

Jidoka, es una metodología Japonesa de inicios del siglo XX utilizada en la mejora de sistemas productivos, la cual utiliza medios visuales para detectar oportunamente la generación de los errores (Liker, 2004); Jidoka no solo impide la fabricación de piezas defectuosas, de igual forma, genera productos de calidad aumentando paralelamente la productividad en el trabajo y, desahogando a los trabajadores de tiempo para que puedan realizar otras operaciones de mayor razonamiento.

Uno de sus principales objetos es brindar al trabajador las herramientas necesarias para detener el proceso y/maquinaria en el momento de generación de un error, accionando de manera inmediata operaciones de mejora que sirven para eliminar los desperdicios y las causas que lo generan, para ello, es necesario tener el conocimiento del procedimiento de implementación; una correcta ejecución de la metodología Jidoka en el centro de envasado de la empresa grupo calero de Xicotepec por lo regular brinda los siguientes beneficios (Socconini, 2013, pág. 29):

Reducción de Sobreproducción.
Reducción de inventario inncesario.
Reducción de Productos defectuosos.
Reducción de transporte.
Reducción de procesos innecesarios.
Reducción de tiempo de espera.
Reducción de movimientos innecesarios.

Rafael Garrido Rosado
Sergio Hernández Corona
José Antonio Aparicio Hernández

Palabras clave

Proceso de envasado, Productividad, Metodología Jidoka.

Abstract

Jidoka, it's a Japanese Methodology beginning of century XX it used in the improved of the systems productive, it uses visual medios to detecte early the generate of the mistakes (Liker, 2004); Jidoka not only prevents the production of defective parts, therefore the same way, it produces products of quality increasing parallel the productiviting in the work and, resting to the workers of time for those can do others operations of high reasoning.

One of the principal objects it's gived to worker the needed tools to stop the process and/ machine in the moment of the generating of one mistake, doing of way inmediatly operations of improvement that served to eliminate the wasting and the origens that generates, for that is unnecessary have the knowelege of processing of implementation, a correct ejecution of the Jidoka Methodology in the center of packing of the company group calero of Xicotepec for the regularly gives the next benefits (Socconini, 2013, pág. 29):

Reduction of the overproduction
Reduction of necessary inventory
Reduction of defective products
Reduction of transport
Reduction of unnessary process
Reduction of time of wait
Reduction of unnessary movements

Keywords

Packaging process, Productivity, Jidoka Methodology.

Introducción

El presente proyecto de investigación radica en el análisis de la metodología Jidoka, como opción de mejora en el aumento de la productividad del proceso de envasado de la empresa Grupo Calero de Xicotepec S.A de C.V., Dicha compañía presenta dos problemáticas importantes las cuales se deben de solucionar en el corto plazo: Mal llenado de sacos y sacos rotos en la banda transportadora de malla, lo cual incrementa la generación de re-trabajos en la recuperación de materia prima, desperdicio de sacos rotos (la cal es vendida de segunda calidad incurriendo en la penalización de 50% del costo por costal), y sacos sucios los cuales deben limpiarse (se considera lo anterior dado que la competencia vende sacos limpios generando mayor imagen de su producto).

La investigación realizada tiene como objetivo, la generación de una propuesta para el *"incremento de la productividad en el envasado cal"* de éste centro de trabajo. Durante el desarrollo de la investigación se conocieron los aspectos mas importantes de la metodología Jidoka los cuales contribuyen al aumento de la productividad en el proceso, ya que, su función es incrementar la calidad de los productos mediante señales visuales y el emprendimiento de acciones inmediatas (Socconini, 2013), por lo anterior ésta metodología tiene como objetivo principal evitar la producción de piezas defectuosas.

Para poder comparar la forma de trabajo de Grupo Calero de Xicotepec, fue necesario investigar el proceso de envasado de materias similares a la cal (granos, harinas, cemento), lo cual permitió conocer formas de trabajo de otras compañías, facilitando el desrrollo de la propuesta de mejora.

Posteriormente se realizarón tablas comparativas para demostrar como la herramienta Jidoka ha impactado en otras empresas y, se seleccionó una alternativa de aplicación, *la cual satisface de manera amplia al objetivo presentado* con antelación.

Problemática.

Grupo Calero de Xicotepec S.A de C.V., ha reconocido que las problemáticas en el centro de envasado de la línea de producción No. 1 les originan diferentes desperdicios, mismos que disminuyen la productividad. En la investigación se observó que la maquinaria no cuenta con los aditamentos adecuados para la operación de envasado, generando problemas de llenado y rasgamiento de los sacos en la banda transportadora de malla, lo cual incrementa la perdida de tiempo y materia prima (cal, bolsas de papel), de igual manera, re-trabajos por limpieza de materia prima que termina en el suelo por el sistema de llenado, esto ocasiona un promedio de 1,447 sacos rasgados equivalente a 28940 kilogramos de cal y una perdida por cal perdida en el proceso de llenado de 9720 kilogramos por mes aproximadamente.

En manufactura existen herramientas que ayudan a solucionar problemáticas en el proceso, una de ellas es el Jidoka; por su impacto esta metodología Japonesa aporta los pasos necesarios para la detección, análisis y solución del problema en el centro de envasado (Socconini, 2013, págs. 11-12) y, como resultado del presente trabajo, se pretende formular una propuesta de mejora en cuanto al aumento de la productividad en dicha operación de envasado; *La propuesta residirá en el análisis de los factores que afectan al proceso de envasado de los sacos de calidra, complementando el proceso, con la metodología Jidoka.*

Metodología.

Para el desarrollo de esta propuesta se utilizó un estudio no experimental, descriptivo-correlacional, el cual, nos brinda la posibilidad de conocer y describir los factores que interviene en la productividad del proceso de envasado de cal; durante el estudio, se realizó la recolección de datos, mediante la aportación teorica de productos de otros investigadores que se han dado a la tarea de medir la aceptación que tiene la metodología Jidoka en el aumento de la productividad. Esto permitió realizar un análisis sobre la situación existente en el centro de envasado, y conocer una alternativa adecuada de implementación de Jidoka al proceso de envasado también, se hicieron algunas observaciones por parte del participante, y consultas de fuentes primarias como son: la opinión de expertos en el área de envasado, y aplicación de una encuesta a los trabajadores de la misma área, considerando que son ellos quienes directamente, están relacionados con las fallas en el proceso.

Para comprender mejor la problemática se acudió al área bajo estudio donde fue posible realizar algunas observaciones por parte del participante, así como la aplicación de una encuesta a 10 colaboradores del centro de envasado en la cual, los empleados pudieron expresar su punto de vista en cuanto al nivel de importancia de algunos factores relacionados al proceso.

Resultados y discusión

Como resultado de la aplicación de los instrumentos de recolección de datos, como opinión de los expertos, encuesta, la observación del participante y, opiniones de otros investigadores; se demostró que, el centro de envasado de cal hidratada no cuenta con algún tipo de análisis sobre los desperdicios que se generan en esta área y, mucho menos, con la implementación de algún tipo de herramientas de mejora para la prevención de estas problemáticas, de igual modo, se observa que la escases del mantenimiento de la maquinaría de envasado, tiene relación con una de las dos problemáticas analizadas.

Considerando lo anterior se establece la necesidad de implementar Jidoka, herramienta necesaria para reducir el número de sacos rasgados y el desperdicio del producto que, mediante ayudas visuales (Andon) se puede detectar una falla avisando al operador la generación de un problema y, así, poder incrementar la productividad[1] en el centro de envasado en la empresa Grupo Calero de Xicotepec S.A de C.V.

---

1   Recuperado http://www.leanroots.com/jidoka.html.

Despues de un análisis realizado a los datos recabados, se identificaron las siguientes causas: En materiales: Variaciones de la Cal viva; en maquinaria y Equipo, desajuste en el sujetador de la boquilla, diseño inapropiado de la boquilla, acumulación de cal en la boquilla, existencia de filos en la cadena de transporte, flujo irregular en la caída de los sacos en la banda y, en mano de obra: falta de capacitación del personal e ignorancia sobre los conceptos generales de los desperdicios. De igual manera se analizaron las frecuencias de los conceptos anteriores obteniendo la siguiente tabla.

Las fallas obtenidas de 234 observaciones fuerón las siguientes, fallas generadas por el sujetador de la boquilla 35, perdida de materia prima directamente de la boquilla 57, generación de sacos sucios 60, sacos rotos 55 y problemas por diseño de la boquilla 27, lo cual indica que lo mas costoso son los sacos rotos, pues se pierden 20 kilogramos de materia prima en categoría primera, para ser vendidos como segunda castigando el 50% del precio.

De igual manera se obtuvo que la fallas por falta de mantenimiento alcanzaron el 11%, los problemas por diseño de la boquilla fueron el 22%, los desajustes de la maquinaria el 22%, sacos reblandecidos por la humedad el 11% y traspalamiento de sacos en cadena de transporte el 33%, observando que éste ultimo es el de mallor recurrencia.

De igual forma el análisis de la literatura relacionada con la solución de problemas tanto internos como externos que afectan a la productividad de la empresa arrojo lo siguiente:

Eliminación de desperdicios, reducción de inventarios, reducción de tiempos de fabricación, usos de estrategias de manufactura, competitividad, personal capacitado, reducción de costos, mejora continua, mejorar la organización, identificación de desperdicios, compromiso y apoyo laboral, aumento de la satisfacción del cliente, reducción de productos defectuosos, ubicación exacta de los defectos, mayor conocimiento del proceso productivo, disminución de errores relacionados con el trabajador, reducción de fallas del equipo, aumento de la calidad, entregas a tiempo y mejoramiento del flujo de las operaciones.

De 19 articulos leidos 17 hablan de la eliminación de desperdicios, 12 comentan del Kaizen (mejoramiento continuo, 14 comentan el aumento de la calidad y los 19 recomiendan mayor capacitación para el personal.

Por otro lado, se realizo una encuesta a los expertos de la manufactura de la cal, obteniendo en sus respuestas que los problemas se deben a la falta de mantenimiento, diseño de la boquilla, sacos de papel en mal estado y falta de criterio para analizar las fallas por parte del personal.

Por último, de acuerdos a los procesos similares de fabricación de cal como, el envolsado de cemento, harina, azúcar; los autores comentan que es muy importante contar con un sistema de producción esbelto, implementar herramientas de prevención de errores, envasado incorrecto, dar oportunamente el mantenimiento a la maquinaria, identificar los factores que generan la ruptura de los sacos, analizar la repetición de los movimientos y estandarizarlos, dejando con menos impacto a la generación de sacos sucios, pues consideran que esta disminuirá en la medida como se atiendan los factores anteriores.

Conclusiones

Una vez que se realizo el análisis de correlación se puede concluir con la satisfacción del objetivo general, ya que fue posible generar una propuesta teórica para el incremento de la productividad en el centro de envasado, misma que comprueba la siguiente hipótesis: Jidoka como herramienta de mejora cuenta con los argumentos necesarios para la detección oportuna de problemas facilitando el aumento de la productividad en el centro de envasado de cal hidratada, lo anterior dá respuesta a la pregunta de investigación.

De igual forma, la investigación fue de gran ayuda al contribuir en la adquisición de conocimientos teóricos, necesarios para poder

RAFAEL GARRIDO ROSADO
SERGIO HERNÁNDEZ CORONA
JOSÉ ANTONIO APARICIO HERNÁNDEZ

realizar la comparativa entre el modo de trabajo de otras empresas y Grupo Calero de Xicotepec; la comparativa sobre la forma de trabajo permitió conocer aspectos que no se tenían en cuenta dentro del proceso de envasado, los datos obtenidos de la investigación hicieron posible poder proponer acciones de mejora dirigidas por la metodología Jidoka.

Algunos de los aportes producto de este proyecto de investigación son los siguientes: ampliar los conocimientos de la manufactura esbelta y sus diferentes herramientas, específicamente la estructura necesaria en la implementación de la metodología Jidoka y, se interpretó de manera objetiva el concepto de valor agregado en las operaciones. Otro aspecto que se considera importante es el análisis en los resultados de otros investigadores, mismas que, sirven como base en la sustentación de éste trabajo.

Referencias.

Espinel, m.f. (2010). Diseño de un sistema de manufactura esbelta para el proceso de envasado de cemento en sacos de 50kg en la empresa

Holcim ecuadoe s.a planta latacunga. http://repositorio.uta.edu.ec/bitstream/123456789/157/1/t494id.pdf

Flores, l.c. (2004). Composicion quimica del cemento, https://es.scribd.com/doc/24863679/17/envase-y-despacho-del-cemento

Gomez, p.a (2010). Lean manufacturing: flexibilidad, agilidad y productividad, http://revistas.lasalle.edu.co/index.php/gs/article/viewfile/946/853

Rodriguez, i. (2011). Outsourcing manufacturero al alza. Manufactura. http://www.manufactura.mx/industria/2011/09/15/outsourcing-manufacturero-a-la-alza

Ortiz (2008). Baxter mexico incrementa su productividad. Manufactura. http://www.manufactura.mx/industria/2008/08/04/baxter-mxico-incrementa-productividad

Ortiz, (2010). Grupo modelo estrena planta esbelta. Manufactura. http://www.manufactura.mx/industria/2010/11/08/grupo-modelo-estrena-planta-esbelta

Pinal, m. (2014). Urge automatizar maquinaria para pimes. Manufactura,http://www.manufactura.mx/industria/2014/03/06/urgente-automatizar-la-maquinaria-para-pymes

Socconini, l. (2013). Limitantes de la productividad. (Revision del libro lean manufacturing paso a paso), la productividad

Terrazas, h. m,. (2014). jidoka (video) https://www.youtube.com/watch?v=ut8nkuvgnxs

Administración de la producción-jidoka http://administracion-produccion-unalmed.blogspot.mx/2013/11/ventajas-1.html

Algunas reflexiones para aplicar la manufactura esbelta http://www.redalyc.org/pdf/849/84903839.pdf

Análisis de despilfarros mediante la técnica value stream mapping (vsm) en la fábrica de calzado lenical. http://dspace.ucuenca.edu.ec/bitstream/123456789/20654/1/tesis.pdf

Canalccmty (2013). Abinsa (video) https://www.youtube.com/watch?v=y2x7pk-7ege&list=plrp6ytqo_pr1s0tft_br9pzrlhv1pzr_r

Definición de jidoka http://world-class-manufacturing.com/es/jidoka.html

Definición del tipo de investigación a realizar: básicamente exploratoria, descriptiva, correlacional o explicativa http://www.drelearning.com/download/cursos/mdli/parte_4.htm
http://calidra.com/proceso/produccion-de-la-cal/
http://calidra.com/proceso/diagrama-produccion/

Introduccion a lean manufacturing http://es.slideshare.net/jonathan_cuevas/introduccin-a-lean-manufacturing

Método jidoka: control y mejora de calidad en procesos http://www.pdcahome.com/metodo-jidoka/

Modelo para la formulación y despliegue de estrategias de manufactura http://www.theibfr2.com/repec/ibf/riafin/riaf-v2n1-2009/riaf-v2n1-2009-7.pdf

Que es jidoka (n.d) extraído el 20 de abril del 2015 desde http://www.ingsoftagil.com/articulos/jidoka/

Productividad http://tesis.uson.mx/digital/tesis/docs/7268/capitulo1.pdf

¿Qué es lean manufacturing o manufactura esbelta?
http://www.zenweb.com.ar/%c2%bfque-es-lean-manufacturing-o-manufactura-esbelta/

7+1 Tipos de desperdicios http://lean-esp.blogspot.mx/2008/09/71-tipos-de-desperdicios.html